47
2
61
7
71
257
19
11
59
223
3
41
173
67
5

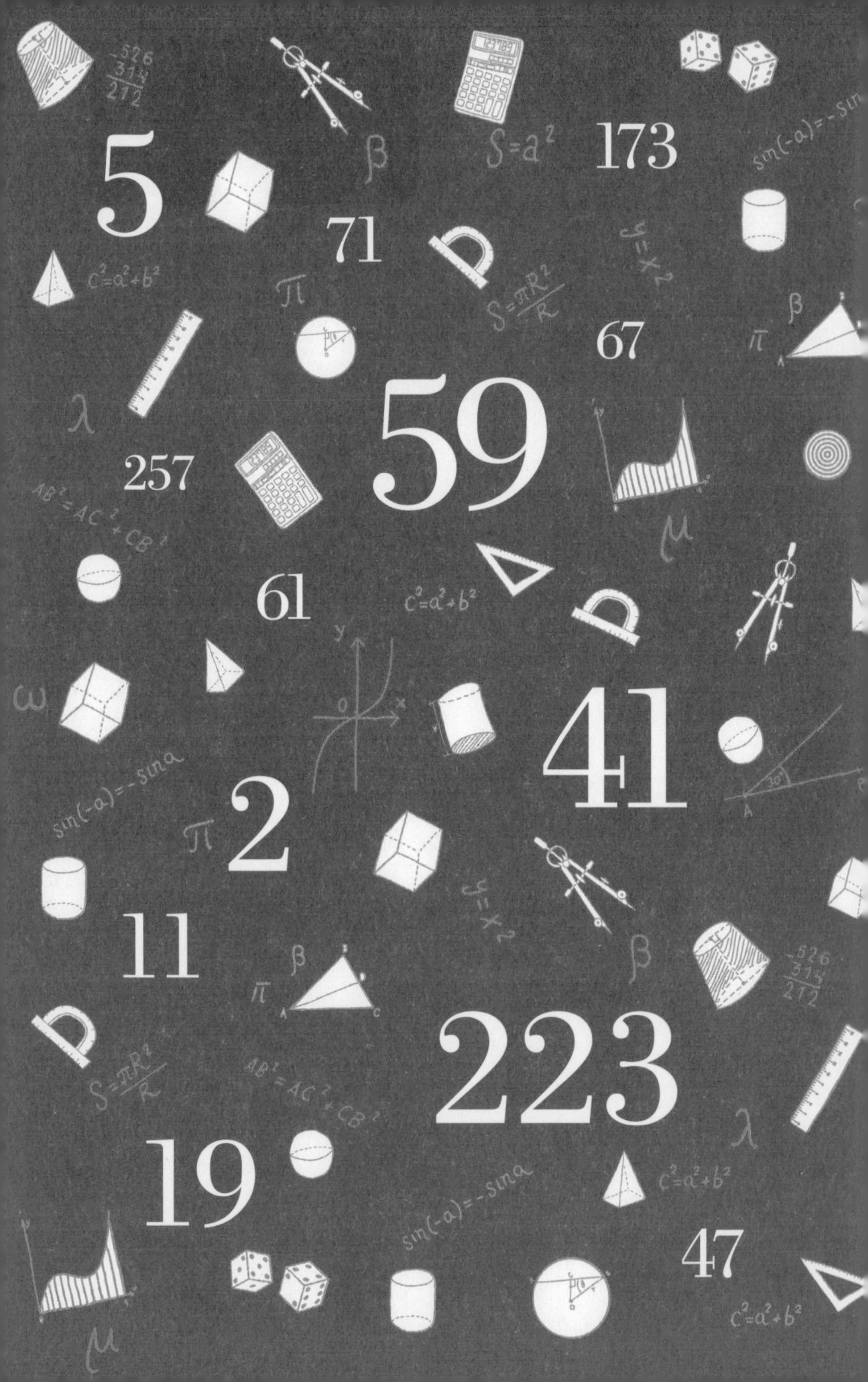

5
173
71
67
59
257
61
41
2
11
223
19
47
S=a²
c²=a²+b²
y=x²
sin(-a)=-sina
AB²=AC²+CB²
S=πR²/R

소수는 어떻게
사람을 매혹하는가?

출판은 사람과 나무 사이에서 이루어지는 가치 있는 일입니다.
도서출판 사람과나무사이는 의미 있고 울림 있는 책으로 독자의 삶을
좀 더 풍요롭게 만들기 위해 최선을 다하겠습니다.

원자핵에서 우주까지, 세상을 움직이는 숫자

소수는 어떻게 사람을 매혹하는가?

다케우치 가오루 지음 · 서수지 옮김

사람과
나무사이

소수는 어떻게 사람을 매혹하는가?

1판 1쇄 발행 2018년 3월 20일
1판 2쇄 발행 2018년 4월 19일

지은이 다케우치 가오루
옮긴이 서수지
펴낸이 이재두
펴낸곳 사람과나무사이
등록번호 2014년 9월 23일(제2014-000177호)
주소 경기도 고양시 일산서구 강선로 141, 1602동 1504호
전화 (031)815-7176 팩스 (031)601-6181
이메일 jaedoori@hanmail.net
블로그 http://blog.naver.com/saram_namu
페이스북 https://www.facebook.com/saramnamusai/
표지디자인 이창욱
본문디자인 유경희
외부 기획 홍성민

ISBN 979-11-88635-07-8 03410

잘못된 책은 구입하신 곳에서 바꾸어 드립니다.

이 도서의 국립중앙도서관 출판예정도서목록(CIP)은 서지정보유통지원시스템 홈페이지(http://seoji.nl.go.kr)와 국가자료공동목록시스템(http://www.nl.go.kr/kolisnet)에서 이용하실 수 있습니다.(CIP제어번호 : CIP2018006969)

“인류가 소수를 제대로 이해하려면
앞으로 적어도 백만 년은 더 걸릴 것이다.”

— 폴 에르도스(헝가리 수학자)

저자 서문

소립자와 원자핵에서 지구와 우주까지, 세상 만물을 움직이는 숫자 소수

"엄마, 왜 구구단 표에는 11, 13, 17, 19, 23 같은 숫자가 빠져 있어요?"

내 지인의 아들은 학교에서 구구단을 배울 때 이런 질문을 했다고 한다. 어머니는 처음에 아들의 질문 의미를 이해하지 못해 고개만 갸웃거렸다.

"이이 사, 이삼은 육……."

아이는 구구단을 외울 때 '소수(素數)'가 등장하지 않자 궁금증이 생겼던 모양이다.

아이의 소박한 질문은 '소수는 그 이상 분해할 수 없다'

라는 매우 중요한 수학적 성질과 관련이 있다. 다시 말해, 구구단에 나오는 2에서 9까지의 수를 곱해도 절대로 소수가 되지 않는다는 의미다.

수학도 과학도 이 일화처럼 천진한 아이의 궁금증에서 시작하지 않았을까? 학교에서 이루어지는 주입식 교육을 아무 비판 없이 무작정 받아들이지 않고 자기 머리로 생각하고 또 생각해 떠오른 궁금증을 해소하기 위해 열심히 머리를 굴려야 한다. 이는 우리 인류가 지녀야 할 배움의 자세이자 지혜의 출발점이기도 하다.

소수는 카멜레온처럼 다양한 색깔과 얼굴을 가지고 있다. 수학자가 연구실에 틀어박혀 머리를 끙끙 싸매고 고민하게 만드는 숫자 소수. 인터넷 쇼핑 시 신용카드 번호와 개인정보를 암호화시킬 때 사용하는 숫자 소수. 우주와 원자를 연구하는 물리학자들이 전혀 뜻밖의 순간에 맞닥뜨리는 숫자 소수. 왠지 모르게 사람의 마음을 끌고, 가장 작은 소립자·원자핵에서 가장 큰 지구·우주의 생성 및 작동에까지 은밀히 관여하며 세상 만물을 움직이는 숫자 소수!

이 책을 손에 든 독자들은 정도 차이는 있겠지만 누구나 소수에 흥미를 느끼고 있을 것이다. 어쩌면 그중 일부는 이미 소수와 관련된 책을 몇 권 읽었을 수도 있다. 그와는 반대로 어떤 독자는 학창시절 그야말로 '수포자'였을 수도 있다. 그들은 조금 늦었지만 이제라도 수학의 즐거움을 알고 싶은 마음에 용기 내어 이 책을 집어 들었을 것이다.

집필 과정에 나는 좀 더 많은 독자가 이 책을 읽었으면 하는 바람을 담아 두 가지 원칙을 세웠다. 첫 번째 원칙은 '다양한 일화를 소개하며 소수의 불가사의에 접근하자'다. 두 번째 원칙은 '미술작품을 감상하는 느낌으로 수식을 즐기자'다. 그 연장선에서 책 읽는 재미를 더하기 위해 인물 중심의 일화는 물론이고 소수 발견과 관련된 재미있는 이야기도 다양하게 소개한다. 수식은 너무 진지하게 계산하려고 들면 골치가 아픈 법이지만 눈으로 감상하며 즐긴다고 생각하면 나름대로 재미있다. 지레 겁먹을 필요가 없다.

나는 독자 여러분이 소수의 흥미진진하고도 불가사의한 세계를 즐겁게 경험하기를 바란다. 자, 그럼 지금부터 함께 멋진 소수의 세계로 여행을 떠나 보자.

_다케우치 가오루

차 례

저자 서문 소립자와 원자핵에서 지구와 우주까지,
세상 만물을 움직이는 숫자 소수 6

1장

매미에서 법률까지, **세상을 움직이는 숫자 소수**

매미가 소수인 13년, 17년을 주기로 대량 발생하는 이유 20

매미의 기상천외한 생존 전략 24

소수가 법을 만나면? 27

1,401자리 소수가 재판에 회부되어 위법 판정을 받았다고? 29

시저 암호와 비밀 열쇠 암호 32

소수를 활용한 공개 열쇠 암호의 원리 34

스파이 전쟁의 역사에 등장하는 소수 37

칼럼 1 • 전통수학에서 소수는 어떻게 다루어졌을까? 39

2장

우주의 비밀을 쥔 숫자, **소수**

물리학자들의 우주 기술 방정식에 '까꿍' 하고 얼굴을 내미는 소수 46

원자핵 에너지와 제타 함수 영점의 관계 48

과학사를 뒤바꾼 물리학자와 수학자의 티타임 51

우주의 비밀을 쥔 숫자 42 53

우주와 원자핵을 잇는 미스터리 57

상대성이론 탄생이 40년이나 늦어진 기막힌 이유 59

초끈이론을 이론적으로 완성시키는 소수 60

학교에서 배운 법칙이 와장창 깨지는 순간 63

삼라만상은 수학을 매개로 서로 연결된다 67

3장

수학과 예술의 **환상적인 만남**

'음향학의 아버지'도 푹 빠졌던 소수 74

수학계를 감동시킨 한 줄의 간단한 식 79

소수의 아름다움을 시각적으로 표현하면? 82

소수를 멜로디로 만든 사람들 84

바이올린과 소수 계단 88

4장

매혹적인 숫자, **소수의 세계**

소수로 길이를 재는 자가 있다고? 96

다양한 수를 만드는 궁극의 단위, 소수 100

'최대 소수'를 증명하는 일에 일생을 바친 수학자들 103

6,561이 소수인지 아닌지 3초 만에 파악하는 방법 105

유리수와 무리수, 혹은 유비수와 무비수 110

반복되는 패턴이 없는 비순환소수를 암기하는 방법 113

0과 마이너스 발견이 인류 역사상 가장 중요한 발견 중 하나인 이유 115

데카르트도 부정했던 숫자 '허수'가 우주를 이해하는 데 꼭 필요한 개념이라고? 118

수가 '우주'라면 소수는 '소립자'다 121

천재 수학자 가우스가 소수에 매혹된 이유 125

300만 이하의 소수는 모두 몇 개? 129

칼럼 2 • 소수가 영어로 'prime number'인 이유 131

칼럼 3 • 비트겐슈타인의 강의록에서 '골드바흐의 추측'을 만나다 134

5장

소수 속의 역사
역사 속의 소수

고대 이집트인들도 소수의 개념을 알고 있었다고? 142

소수가 무한하다는 것을 어떻게 증명할까 144

'에라토스테네스의 체'에 거르면 소수가 나온다고? 146

레온하르트 오일러와 소수의 관계 150

소수의 규칙성을 발견한 가우스 153

가우스의 '소수 계단'을 단숨에 뛰어오른 리만 156

소수 분포에 관한 미해결 문제, '쌍둥이 소수가설' 160

쌍둥이 소수를 거꾸로 더해 보면? 162

'세쌍둥이 소수', '사촌 소수', '섹시 소수' 164

집단지성을 활용해 난제에 도전하는 프로젝트, Polymath 165

칼럼 4 • 가우스가 인류 최고 수학자인 이유 167

6장

범죄 용의자 소수와 **리만 가설 이야기**

범죄 용의자로 지목된 소수 이야기 174

가우스의 소수 공식 176

완벽한 소수 계단 178

리만의 놀라운 발견 180

리만의 궁극 소수 공식 182

리만 가설에 대하여 185

열쇠를 쥔 리만의 제타 함수 187

제타 함수의 영점은 어디에? 190

리만 가설을 획기적으로 진전시킨 두 천재 수학자 193

복소수의 세계 어딘가에 수많은 '영점'이 숨어 있다고? 196

앨런 튜링, 리만 가설에 맞짱 뜨다 198

칼럼 5 • 아인슈타인의 일반상대성이론에도 사용된 리만기하학 202

칼럼 6 • 위대하고도 비극적인 천재 수학자 앨런 튜링이 인류 역사에 남긴 것 205

저자 후기 208

참고문헌 212

소수표 214

1장

매미에서 법률까지,
세상을 움직이는 숫자 소수

'소수'라는 말만 들어도 울렁증이 생기고 머리가 지끈거린다는 사람이 많다. 그들은 소수를 수학자들에게나 관심 있는 것일 뿐 자신과는 상관없는 개념으로 여긴다. 과연 소수는 수학을 전공하거나 전문으로 연구하는 사람에게나 의미 있고 관심 가질 만한 개념일까? 아니다. 소수는 평범한 대중의 삶과 무관하지 않다. 소수는 자연계에서 흔히 발견할 수 있고 일상에서 쉽게 찾아볼 수 있다. 소수는 컴퓨터나 인터넷을 사용할 때도 자주 등장한다. 뜻밖에도 소수는 인간의 삶과 꽤 가까운 개념이며, 우리 일상생활과 떼려야 뗄 수 없는 숫자다.

1장에서는 일상생활에서 엿볼 수 있는 소수의 속살을 살짝 훔쳐보자. 아마 여러분 중 어떤 사람은 '소수를 일상생활에서 찾는다고?' 하며 고개를 갸우뚱거릴지도 모르겠다. 그런 사람조차 미처 알지 못했던 소수의 본래 모습을 알고 나면 깜짝 놀랄 것이다. 그리고 소수의 신비한 매력에 흠뻑 빠져들게 될 것이다.

매미가 소수인 13년, 17년을 주기로 대량 발생하는 이유

'여름' 하면 머릿속에 가장 먼저 어떤 곤충이 떠오르는가? 그렇다, 매미! 매미는 단연 여름을 대표하는 곤충이라 할 만하다. 여름 곤충 매미 이야기로부터 시작해 보자. 우리가 흔히 보는, 귀가 아플 만큼 큰 소리로 '맴맴' 하고 우는 매미는 '히라구시'라는 매미와는 다른 종류다. 히라구시는 일본에도 사는데, 원산지는 바다 건너 미국이다. 주로 저녁에 울어 '저녁매미'라는 이름으로도 불린다.

이 매미에 관해 가장 주목할 만한 특징은 소수를 영리하게 이용하며 살아간다는 점이다. 이렇게 말하면, '매미가 소수를 이용하며 산다고?' 하며 놀라는 독자가 많을 것이다. 그러면서 그들은 '매미가 학교를 다닐 리도 없고 수학을 배웠을 리도 없는데, 어떻게 소수를 이용하며 산다는 걸까?' 하는 의문을 품게 될지도 모르겠다.

소수의 해에 태어나는 매미가 있다. 우리는 이 매미를 '소수 매미'라는 이름으로 부른다. 이 매미는 '주기 매미'라는 별명도 가지고 있으며, 13년 또는 17년을 주기로 대량 발생한다.

미국의 어느 지역에는 크게 두 종류의 매미가 서식한다. 그중 하나는 17년 주기로 발생하는 매미이며, 다른 하나는 13년 주기로 나타나는 매미다('17년 매미'와 '13년 매미'가 동시에 발생하는 사례는 아직까지 보고되지 않았다).

'17년 매미'의 경우를 먼저 예로 들어 보자. 이 매미가 만일 2008년에 대량으로 나타났다고 하면, 그다음 나타나는 시기는 2025년이다. 이렇게 얘기하면, 17년 매미가 나타나는 해를 제외한 나머지 16년 동안에는 이 매미가 존재하지 않는 것처럼 생각하기 쉽다.

그러나 17년에 해당하지 않는 해에도 이 매미가 존재하지 않는 건 아니다. '17년 매미'라는 이름으로 뭉뚱그려 부르기는 하지만, 애초 이 매미는 16종이나 존재했다고 한다. 그러므로 거의 매년 '17년 매미'가 발견된다 해도 이상하지 않다. 아무튼, 그중 일부가 멸종한 모양이다.

현재 확실히 멸종했다고 밝혀진 17년 매미는 1954년에 대량으로 발생했던 종이다. 1954년형 17년 매미는 그로부터 17년 후인 1971년에 대량 발생해야 했지만 멸종해 버려 모습을 드러낼 수 없었다. 멸종 이유로는 포식자 수가 그 무렵 급격히 늘어나 잡아먹히는 바람에 수가 현격히 줄어들고 급기야 멸종한 것으로 추정된다.

갓 태어난 매미는 포식자 입장에서는 군침이 흐르는 먹음직스러운 먹잇감이다. 다양한 날짐승과 길짐승은 말할 것도 없고 일부 인간까지도 매미를 잡아먹는다. 실제로 아메리카대륙의 원주민인 오논다 종족(Onondaga people)은 17년 매미를 오랫동안 먹어 왔다. 매미 입장에서 보면 마른 하늘에 날벼락이 아닐 수 없다. 17년이라는 긴 시간을

땅속에서 지내다 밖으로 나오자마자 잡아먹혀 버리니 말이다.

1954년형 17년 매미가 멸종한 데에는 서식 공간이 좁아지고 환경이 척박해졌다는 점도 무시할 수 없는 원인으로 꼽을 수 있다. 예컨대 겨우 땅 밖으로 나와 번데기 상태를 벗어나 허물을 벗고 날개를 펴고 날아오르려 했는데, 머리 위가 콘크리트로 막혀 있다면 아무리 애를 써도 밖으로 나갈 재간이 없다. 그야말로 사면초가 상황이라고나 할까. 매미의 처지가 딱하고 안쓰러워 마음이 아플 지경이다.

1996년, 이 '소수 매미'에 관해 로이드와 다이버스라는 두 학자가 처음으로 논문을 썼다. 그들은 17년마다 대량으로 발생하는 매미를 관찰하다가 17이라는 소수에 뭔가 특별한 의미가 있지 않을까 생각했다(일본에서도 요시무라 진이라는 학자가 소수 매미를 집중적으로 연구하고 있다). 로이드와 다이버스의 논문은 상당히 복잡해서 대중이 이해하기 쉽지 않다. 그 내용을 요점만 간략히 설명하자면, '13년이나 17년 등 소수의 해마다 대량으로 발생하기'는 매미에게 매우 효과적인 생존 전략이라는 것이다. 그것이 왜 효과적인 전략인지 살펴보자.

매미의 기상천외한 생존 전략

매미처럼 작고 맛난 곤충은 포식자의 구미를 당기는 좋은 먹잇감이다. 그러므로 매미의 입장에서는 포식자의 위협으로부터 생명을 지키고 종을 보존하기가 녹록지 않은 일이다. 그러나 아무리 많이 잡아먹혀도 살아남는 개체가 일정하게 존재한다면 멸종하지 않고 종을 유지, 번식할 수 있다. 종족 보존을 위해 매미들이 취한 수단이 바로 일정한 주기마다 대량으로 발생하는 방법이었다. 인해 전술, 아니 '충해 전술'인 셈이다.

생물학자들에 따르면 과거에는 12년 매미, 14년 매미, 15년 매미, 16년 매미, 18년 매미 등 다양한 종의 매미가 서식했다고 한다. 그중 화석이 남아 있는 종도 있으므로 이는 확실히 믿을 만한 사실이다. 그건 그렇고, 그 매미들은 왜 멸종하고 말았을까?

가장 큰 원인은 '교잡' 때문이다. 먼저, 짝수 해에 태어난 매미는 홀수 해에 태어난 매미에 비해 훨씬 불리할 수밖에 없다. 12년 매미와 8년 매미를 예로 들어 생각해 보자. 12년 매미와 8년 매미가 있다면 12와 8의 최소공배수가 24이므로 24년마다 발생 시기가 겹치고 교잡이 발생하기 때문이다. 가령 12년 매미만 자손을 만든다면 주기는 유전으로 전해지지만, 아비와 어미가 8년과 12년이라면 그 종이 발생하는 주기는 '뒤섞여' 엉망진창이 되어버린다.

정해진 해에 집중적으로 대량 발생하는 것이 매미의 생존 전략이다. 한데 교잡이 일어나면 심각한 문제가 발생한다. 번데기에서 허물을 벗고 성충이 되는 해가 뒤죽박죽되어 대량 발생이 아닌 소량 발생이 되어 다 된 밥에 코를 빠뜨리는 격이 되고 죽도 밥도 안 되는 거다. 차츰 수가 줄어들다가 마침내 멸종의 길로 들어서게 된다.

여기서 '소수'의 성질이 효력을 발휘한다. 소수인 7과

(소수가 아닌) 12를 예로 들어 보자. 두 숫자의 최소공배수는 7 곱하기 12인 84다. 그러므로 84년이 지나기 전에는 두 종의 매미가 동시 발생할 가능성이 전혀 없다는 계산이 나온다. 앞에서 살펴본 8과 12의 최소공배수는 (8×12=96이 아니라) 24였다. 8과 12에는 4라는 공약수가 있으므로 최소공배수가 훨씬 작아진다. 그에 반해 소수는 다른 수와 공통의 약수를 갖지 않아 최소공배수가 커지고 자연스럽게 동시 발생하는 간격도 엄청나게 벌어진다. 이런 이유로 13년과 17년 종만 순수 혈통을 보존해 항상 대량 발생하므로 효율적으로 살아남을 수 있었다는 것이 많은 연구자의 공통된 인식이다.

지금까지 살아남은 13년 매미와 17년 매미의 교잡도 고려해 볼 수 있지 않을까. 이 둘의 최소공배수는 (13 곱하기 17로) 221이므로, 매우 긴 시간 동안 발생 시기가 겹치지 않는다. 바로 이런 이유에서 이 두 종류가 오늘날까지 살아남았다고 추정해 볼 수 있다. 물론 13년 매미나 17년 매미가 소수의 원리를 간파하고 의도적으로 그런 선택을 했을 리는 없다. 아무튼, 생물계에서 소수 해에 우연히 발생하는 종이 진화론적으로 유리하다는 이야기는 매우 흥미로울 뿐 아니라 우리의 상상력을 자극한다. 이런 내용이 요시무라 진의 『소수 매미의 수수께끼』에 자세히 실려 있다. 관심 있는 독자라면 이 책을 읽어보아도 좋을 것 같다.

소수가 법을 만나면?

2001년 미국에서 DVD를 복제하는 프로그램을 제작해 공개한 일당이 저작권 침해 죄로 기소되어 패소하는 사건이 발생했다. 사건 내용을 잠시 들여다보자. 그 프로그램을 사용하는 것은 위법일 뿐 아니라 프로그램을 구성하는 문장 자체(소스 코드)를 공개하는 것도 위법이라는 판결이었다.

한데, 이에 대한 반론이 제기되었다. 프로그램 사용이 위법이라는 판정은 납득할 수 있지만, 저작물인 프로그램을 공개하지 말라는 판결은 언론의 자유를 침해한다는 주장이었다. 또한, 컴퓨터 업계에서는 이 판결이 부당하다는 주장도 제기되었다.

프로그램을 공개하면 사실상 누구나 자유롭게 사용할 수 있다. 그러나 그 프로그램을 구체적으로 사용하는(악용하는) 주체는 프로그래밍 기술을 지닌 사람으로 한정된다. 이 말은 소스 코드를 대중에 공개한다고 해도 별다른 영향이 없을 것이라는 의미다. 아무튼, 컴퓨터 업계에서는 '우리가 만든 프로그램을 공개할 자유가 없다는 건 부당한 일이다'라며 거세게 항의했다.

세세한 업계 사정을 몰라 잘 이해가 가지 않는다고? 좀 더 친숙한 예를 들어 설명하자면, 대강 이런 이야기다. 지금 나는 컴퓨터로 글을 쓴다. 한데, 이 글을 구성한 글자 하나하나는 컴퓨터에서는 숫자의 나열에 지나지 않는다. 그러므로 지금은 전자서적으로 만들어진 나쓰메 소세키의 『나는 고양이로소이다』도 숫자를 줄줄이 늘어놓은 숫자 나열에 불과하다 등등. 뭐, 컴퓨터의 입장에서 보자면 그렇다는 말이다. 이처럼 문자 정보와 숫자는 대응 규칙이 정해져 있어 동일한 대상으로 간주할 수 있다.

컴퓨터 프로그램도 문자의 나열이지만 소스 코드도 마

찬가지로 숫자로 인식되어 처리된다. 예전 프로그래머는 숫자를 구사해 프로그램을 썼다. 기계가 이해하는 언어라는 의미에서 이것을 '기계어'라고 부른다. 다만 기계어는 단순한 숫자에 지나지 않으므로 과거에 기계어로 프로그램을 짜는 과정은 만만치 않은 기술과 수고가 필요한 작업이었다. 그런 까닭에 기계어에서 고등 언어라는 인간이 이해하기 쉬운 프로그램 언어를 다양하게 만들어 냈다.

이런 맥락에서 원론적인 얘기지만, DVD 복제 프로그램도 숫자의 집합에 불과하다. 그러므로 이 숫자가 위법이라는 판결은 확실히 이상한 이야기다. 이 숫자를 체포해 옥살이를 시키기라도 하겠다는 말일까?

1,401자리 소수가 재판에 회부되어 위법 판정을 받았다고?

언론의 자유, 아니 소스 코드의 자유가 침해당했다며 위기감을 느낀 컴퓨터 과학자들은 대중의 관심을 불러 모으기 위해 위법한 소스 코드의 숫자를 소수로 만든다는 기발한 발상을 했다. 체포되어 투옥되는 숫자가 단순한 숫자이기보다는 수학 세계에서 유명인이라 할 수 있는 '소수'인 편이 사회적으로 파장이 크다는 생각에서였다.

미국 테네시 대학교 마틴 캠퍼스가 소수 데이터베이스를 관리한다. 그러므로 DVD 복제 프로그램에 대응하는 숫자가 이 데이터베이스에 등재되어 있는 소수라면 학술적으로 모두 공개할 수 있다.

필 카모디라는 인물이 이 DVD 프로그램을 손본 다음 데이터베이스에 올라 있는 소수로 절묘하게 교환했다. 그 수는 무려 1,401자리 소수였다. 컴퓨터에 이 소수를 입력하면 DVD를 복제해 주는 방식으로 사용할 수 있다. 이 1,401자리 소수는 위법 판정을 받은 DVD 복제 프로그램의 소스 코드이므로 당연히 그로 인한 사달이 벌어졌다. 그 숫자를 공개한 학술 데이터베이스는 과연 법을 위반했을까? 아무튼, 이 소동으로 이 숫자에는 '위법 소수'라는 불명예스러운 이름이 붙었다.(그림 1)

숫자는 만국공통의 기호다. 그 숫자를 세상에 내보내

그림 1 • 소수 그 자체가 위법?

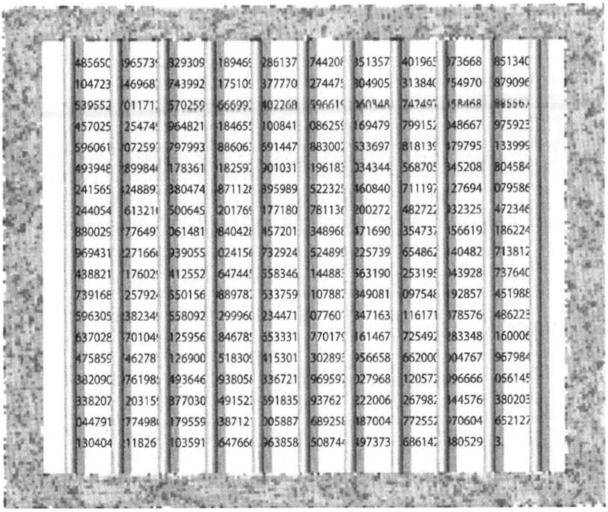

는 행위가 위법하다면 우리는 새삼 '프로그램이란 무엇인가?'라는 의문을 인식하지 않을 수 없다. '위법 소수'라는 희한한 단어에는 '인류가 공유하는 문화유산인 숫자를 공표하는 행위가 과연 위법한가?'라는 강력한 항의의 의사가 담겨 있다.

여러분은 이 '위법 소수'를 체포해야 한다는 주장에 동의하는가? 나는 이 위법 소수 이야기를 들을 때마다 '유전 정보'를 떠올린다. 생물학자가 어느 유전자를 '발견'하여 특허를 취득하면 다른 사람이 그 유전자를 활용해 약을 개발할 때마다 특허료를 지불해야 한다.

그러나 우리는 모두 그 유전자를 태어날 때부터 가지고 있지 않은가? 자신의 몸을 만드는 물질이건만 그 물질을 이용할 때는 최초 발견자에게 돈을 내야 한다니……. 과연 유전 정보는 특정인의 소유물인가, 아니면 인류 공통의 자산인가? 이는 과학이 사회적으로 활용될 때 어김없이 등장하는 골치 아픈 문제 중 하나다.

시저 암호와 비밀 열쇠 암호

소수가 현대사회와 가장 밀접하게 관계된 분야는 바로 '암호'다. 암호는 고대부터 전쟁에서 자주 사용되었다. 현대사회에서는 인터넷 쇼핑과 이

메일 교환에 암호가 사용된다. 쉽게 말해, 정보를 있는 그대로 보내면 적과 도둑에게 노출될 수 있으므로 가공을 거쳐 해독하기 어렵게 만드는 장치를 암호라고 보면 된다. 그렇다고 정보를 전달해야 하는 상대방도 읽을 수 없게 되면 말짱 도루묵이므로 암호에는 암호를 풀기 위해 필요한 도구, 즉 '열쇠'가 존재한다. 집에서 현관문을 열 때 열쇠가 필요한 것과 마찬가지 원리다.

예를 들어 '시저 암호'라는 유명한 암호가 있다. 이 암호를 푸는 열쇠는 단순하다. 영어로 적힌 문장의 글자를 알파벳 배열 규칙에 따라 몇 개를 옮겨놓고 변환하기만 하면 끝. 가령 'caesar'라는 단어를 한 글자씩 변환하면 c가 d가 되고, a가 b가 되고, e가 f가 되어 결과적으로 'dbfbs'라는 원래 단어와는 전혀 다른 단어가 만들어진다.

한 개씩 옮긴다는 규칙(열쇠)을 이해하는 사람은 얼마든지 해독할 수 있다(참고로 '해독'이란 정식 열쇠를 부여받지 않은 사람이 훔쳐 읽는 행위를 말한다. 정식 열쇠를 가진 사람이 합법적으로 읽는 경우에는 해독과 구분하여 '복호'라고 지칭한다. 또한 암호화되지 않은 문장, 즉 본래 문장을 '평문'이라고 부른다).

'한 글자씩 이동시킨다'라는 시저 암호의 비밀 내용이 누설되면 누군가가 그것을 사용하여 암호를 해독할 수 있다. 이 비밀 내용을 '비밀 열쇠 암호'라고 부른다. 열쇠가 비밀이라는 부분이 중요하기 때문이다.

소수를 활용한 공개 열쇠 암호의 원리

그렇다면 어떤 이유에서든 열쇠를 도둑맞았다면 어떻게 해야 할까? 통신이 도청당해 열쇠가 탄로 났다면 당사자 이외의 사람도 읽을 수 있게 된다. 암호가 대단히 중요한 역할을 하는 전쟁에서 암호를 푸는 열쇠가 유출되면 전쟁 양상이 백팔십도 달라질 수도 있다. 예컨대, 작전 지령을 암호로 보낸다고 해도 열쇠를 함께 보내면 도청될 가능성이 있다. 사람이 주머니나 가방에 넣어 물리적으로 옮기더라도 그 사람이 적에게 붙잡히면 속수무책이다. 그러므로 비밀 열쇠 암호 방식은 항상 위험에 노출되어 있을 수밖에 없다.

위와 같은 문제와 고민의 연장선에서 '공개 열쇠 암호'가 발명되었다. '비밀 열쇠 암호가 들통 나 작전을 망치게 된다면 오히려 그 열쇠를 과감히 공개해 버리자!'라는 대담한 발상에서 비롯된 아이디어다. 이는 일종의 허세형 연막작전인 셈이다. 이 공개 열쇠 암호는 글자 그대로 인터넷 등에 '공개'되어 있어 누구나 열쇠로 잠글 수 있다.

평문을 암호화하는 작업은 간단하다. 그런데 암호화된 문장을 복호할 수 있는 사람은 다른 비밀 열쇠 암호를 가진 사람으로 한정된다.

어라? 뭔가 이상하다? 공개 열쇠 이외에 다른 비밀 열쇠 암호가 있다면, 그 비밀 열쇠 암호를 도둑맞으면 역시 말짱 꽝 아닌가?

이 대목에서 고개가 갸웃거려진다. 사실 비밀 열쇠 암호가 위험한 이유는 그 열쇠를 '상대방'에게 전해주어야 한다는 조건이 붙기 때문이다. 지금 '여러분'이 공개 열쇠 암호와 비밀 열쇠 암호를 한 벌씩 가지고 있다고 치자. 그리고 그 중 공개 열쇠 암호만 (인터넷 쇼핑 고객처럼) 대중에게 공개한다. 공개된 열쇠로 상대방이 정보를 암호화한다. 암호화된 정보를 받아 내가 가진 비밀 열쇠로 복호화하면 끝. 즉 공개 열쇠 방식의 경우 비밀 열쇠를 전달할 필요가 없다. 그러므로 비밀 열쇠를 도둑맞을 위험이 대폭 감소한다.

짜잔, 이제 우리의 히든카드 '소수'가 등장할 차례가 되었다. 큰 소수를 두 개 곱하면 당연히 그보다 큰 수가 된다. 예를 들어 '소수 매미' 이야기에서 나온 소수 13×17은 221이다. 221이 나왔을 때, 이 수가 어떤 소수를 곱해서 나온 수인지 보자마자 한눈에 알아차리는 사람은 수학을 매우 잘하는 극소수의 사람뿐이다.

위에 예로 든 숫자는 그나마 세 자리지만, 50자리쯤 되는 숫자라면 수학을 매우 잘하는 사람이라도 진땀깨나 흘려야 겨우 계산할 수 있을 것이다. 수학 용어를 사용하면 '소인수분해 하는 데 시간이 걸린다'라는 사실이 '암호 해독에 시간이 걸린다'라는 이야기로 이어진다.

공개 열쇠 방식 암호도 정식 구조는 복잡하지만, 개요만 설명하자면 대강 이런 이야기다. 먼저, 두 개의 소수를 선택한다. 이 소수 자체는 공개하지 않지만, 두 소수를 곱한 결과는 공개한다. 따라서 누구나 큰 소수(공개 열쇠)를 사용해 정보를 암호화할 수 있다.

공개 열쇠 암호를 이용하는 인터넷 통신판매나 신용카드 회사에서는 비밀 열쇠를 가지고 있으므로 어떤 소수와 소수를 곱했는지 알고 있어 정확히 해독할 수 있는 원리다. 구체적으로 소수를 활용하는 암호는 1977년에 발명되었는데, 1969년에 그 원리가 처음 발견되어 1973년에 구체적인 암호가 만들어졌다고 한다.

스파이 전쟁의 역사에 등장하는 소수

공개 열쇠 암호의 원리를 고안한 사람은 수학자 제임스 엘리스(James Ellis)라는 인물이다. 또한, 그에 관한 구체적인 암호를 발명한 사람은 클리포드 콕스(Clifford Cox)라는 인물이다. 그러나 안타깝게도 그들의 발명은 세상에 널리 알려지지 못했다.

그들이 소속된 곳이 영국 정보 통신본부인 GCHQ라는 비밀 기관이었기 때문이다. 그들의 발명은 당연히 국가 최고 기밀로 분류되었다. 그와 별개로 1977년 리베스트(Rivest), 샤미어(Shamir), 아델만(Adelman)이라는 세 사람이 논문을 발표했다. 그들이 생각한 공개 열쇠 암호는 세 사람 이름의 머리글자를 따서 'RSA 암호'라고 불린다. 그들은 이 공로를 인정받아 2002년 컴퓨터 과학 분야에서 가장 권위를 인정받는 튜링상을 받았다. 하지만 안타깝게도 비밀 유지 서약을 했던 엘리스와 코크스는 수상의 영광을 누리지 못했다. 이 이야기에도 학문의 자유와 그 유용성을 알면서도 비밀을 유지하고자 했던 국가의 의도가 교묘히 얽혀 있다. 이렇듯 우리 생활과 밀접한 소수의 이면에도 학문과 언론의 자유를 위협하는 스파이 전쟁의 역사가 숨어 있다.

column 1

전통수학에서 소수는 어떻게 다루어졌을까?

일본에는 '와산(和算)'이라는 전통이 있다. 소설과 사극 드라마의 단골 소재로 '에도시대 일본 수학은 세계적 수준이었다'라는 식의 콘셉트로 등장하곤 한다.

불현듯 이 전통 수학에서 소수는 어떻게 다루어졌는지 알고 싶었다. 그래서 나름대로 이 문제에 대해 조사해 보았다. 무엇보다 전통 수학에서는 '소수'를 어떻게 지칭하는지 궁금했다. 그런 터라, 그와 관련된 다양한 문헌을 구해 샅샅이 뒤적이며 읽어 보았다. 그러나 소수를 지칭하는 마땅한 용어를 찾지는 못했다. 어쩌면 소수의 개념은 존재했지만 용어가 만들어질 정도로 명확하지는 않았던 게 아닐까 하는 생각이 들었다. 그런 생각을 하며 한참을 더 고생해 찾은 끝에 '자약(自約)'이라는 단어를 발견했다. 자약이란 '소인수분해'를 가리킨다. 『산법신서(算法新書)』, 『와산용어집(和算用語集)』에 실려 있는 문장이다.

15=3×5와 같이 확실히 소인수로 분해하면 소수가 나오지만, 분해하

는 행위와 분해한 결과를 동일하게 취급하는 부분에서는 고개를 갸웃거리게 된다. 알쏭달쏭한 수수께끼 같다.

놀라움은 끝나지 않았다. 소수가 무한한 개수로 존재한다는 증명을 보고 또다시 놀랐다. 일본에는 메이지 시대(1868~1912년) 이후 알려진 모양이다. 세계적 수준이었다는 전통수학이 왜 이렇게 간단한 정리조차 증명해 내지 못했을까?

사실 와산에서는 '계산한다'는 행위가 주요 목적으로, 논증에는 그다지 관심이 없었다. 서구 학문의 뿌리는 고대 그리스에 있고, 고대 그리스에서는 계산보다 정리나 증명 등 '이론'에 비중을 둔다. 그 덕분에 수학과 철학이 발달했다. 이론으로 삼라만상(자연)을 분석하고 엄밀하게 증명하는 그들의 학문 방식이다.

하지만 일본에서는 예로부터 자연과 공존하는 사상이 존중받았다. 그야말로 있는 그대로의 자연을 받아들였다. 그리고 다소 모호해도 그대로 두었다. 이론은 제쳐두고 일단 계산만 가능하면 그만이다. 그러고 보니 지금도 일본은 엄밀한 과학보다 실용적인 엔지니어링(상품 제작)에 능하다. 이론보다 실천. 이것이 바로 일본인이 가진 사상의 근본 원리인지도 모르겠다.

그렇다면 그 실천이 어느 정도 높은 수준에 이르렀는지 신경 쓰이게 마련이다. 최대 소수에서는 세계 최고 기록을 세운 적도 있다고 한다. '에도 시대 일본의 기초과학 연구 성과에 대한 개관'에 이렇게 게재되어 있다. 과연 계산이 특기인 일본인의 면모를 여실히 보여 주는 결과가 아닐까.

2장

우주의 비밀을 쥔 숫자, 소수

'우주'라는 말에는 다양한 의미가 담겨 있다. 단어 그 자체가 풍기는 분위기부터 실제 물리학적 우주(지구와 태양계를 포함한 우리가 아는 실제 우주)와 수학적 우주에는 커다란 차이가 있다는 것은 상식에 속한다. 그런데 이 우주 법칙이 순수수학에 완전히 지배당한다면 두 개의 우주, 즉 물리학적 우주와 수학적 우주 사이의 구별이 사라지게 된다. 2장에서는 불가사의한 융합현상에 대해 이야기하고자 한다.

물리학자들의 우주 기술 방정식에 '까꿍' 하고 얼굴을 내미는 소수

수학과 물리학의 차이를 책에 비유하면, '픽션'과 '논픽션'의 차이와 같다. 전자는 꿈을 다루고 후자는 현실을 다룬다. 책에서 사용하는 '문법'은 수식 세계의 '논리'에 해당한다. 그러므로 학자들은 엄격한 논리성에 따르는 한 수식으로 어떠한 우주를 상상하든 괘념치 않는다. 소설과 마찬가지로 수학은 철저히 자유로운 세계다. 그에 비해 물리학자들은 '이 우주'라는 현실에 얽매인다. 아무리 훌륭한 물리학 이론이라도 실험과 관측을 거친 결과 이 우주에 통용되지 않는다면 실격이다.

꿈과 현실. 이 두 가지는 서로 공존할 수 없는 법. 하지만 속단은 금물이다. 나는 요즘 들어 부쩍 '현대 물리학이 점점 더 SF에 가까워지고 있다'는 느낌을 강하게 받는다. 예를 들어 물리학자들은 '우주는 11차원이다' 혹은 '다중 우주(멀티 유니버스)' 등의 꿈같은 연구를 진행하고 있다.

본래 이 우주는 공간 3차원과 시간 1차원을 합쳐 4차원으로 펼쳐진다. 아인슈타인은 이 3차원과 1차원이 '뒤섞일 수 있다'고 주장해 전 세계 과학자들에게 충격을 안겨 주었다. 어쨌든 실험과 관측이 뒷받침하는 우주는 4차원에서만 펼쳐진다.

이 우주는 '유일'하다는 의미의 '유니'가 붙어 '유니버스(universe)'라 불린다. 그런데 만약 우주가 여러 개 존재한다면, 또 우주가 유일하지 않다면 '많은'이라는 뜻의 '멀티'를 붙여 '멀티 유니버스'라 부를 수 있다. 실제로 오늘날 이론 물리학자들은 다중우주에 관해 활발히 연구를 진행하고 있다. 쉽게 말해, 이는 SF의 평행우주와 비슷한 발상이다. 전통을 고수하는 보수적인 실험물리학자들은 마치 꿈을 좇는 듯한 이론물리학자들의 '자유로운 낙원'을 차가운 눈으로 바라본다. 심지어 그들은 '허황된 이야기', '물리학이 아니다'라는 비판도 서슴지 않는다.

물리학자들이 우주를 기술하는 방정식을 연구하다 보면 소수가 '까꿍' 하고 얼굴을 내미는 순간이 있다. 학자들은 '도대체 이 녀석이 어디서 튀어나왔을까?' 하며 소수의 깜짝 등장에 고개를 갸웃거린다. 이렇듯 사람을 매혹하는 숫자 소수는 우주의 생성과 작동에도 은밀히 참여하는 놀랍고 신비한 숫자다!

원자핵 에너지와 제타 함수 영점의 관계

제타 함수가 지닌 소수 정보가 우주의 복잡하고도 정밀한 구조와 밀접하게 관련되어 있지는 않을까? 1972년 어느 날, 이론 물리학자인 프리먼 다이슨(Freeman Dyson, 1923~)의 품으로 수학의 '천사'가 기적처럼 날아들었다.

당시 다이슨은 '네 번째 남자'로 통했다. 즉, 그는 '노벨상을 안타깝게 놓친 사람'이었다. 통상적으로 노벨상은 한 분야에서 세 명까지 결정된다. 그런 까닭에 1965년 도모나가 신이치로, 줄리언 슈윙거(Julian Schwinger), 리처드 파인만(Richard Feynman) 세 학자가 노벨 물리학상을 수상할 때 다이슨은 안타깝게도 네 번째 자리로 밀려나 수상하지 못했다.

노벨상 수상 여부와는 무관하게 다이슨은 대단히 천재

적인 과학자다. 그는 늘 기상천외한 발상을 하는 인물로, 그의 아이디어는 과학의 영역을 벗어나 SF에까지 심대한 영향을 끼쳤다. 예컨대, 항성을 통째로 구로 감싸서 에너지를 제공한다는 '다이슨구(Dyson sphere)'는 매우 유명하다.

다이슨은 무거운 원자핵 에너지를 나타내는 공식(에너지 준위, energy level)과 제타 함수가 '연결된다'는 사실을 최초로 깨달은 인물이기도 했다.

■ 다이슨의 의문 — 원자핵 에너지는 제타 함수의 영점과 관계되어 있을까?

원자핵은 원자 한가운데에 자리하고 있고, 주위 원자의 구조를 안정적으로 유지하는 역할을 한다. '원자=원자핵+전자'라는 구조로 이루어져 있다. '핵'이라는 말처럼, 우주를 구성하는 물질 중에서 말 그대로 핵심이 되는 부분이라고 이해하자.

원자핵의 에너지는 양자역학이라는 물리학 이론으로 설명된다. 양자역학은 분자보다 작은 원자와 전자의 세계를 지배하는 물리학 법칙이다. 우리의 일상생활은 뉴턴 역학으로 완벽하게 설명되지만, 눈에 보이지 않을 만큼 극도로 작은 세계에서는 전혀 다른 원리가 적용된다. 그곳에서는 매사가 오로지 확률로만 결정되거나 전자가 동시에 두 곳에 존재하는 등 상식으로는 이해할 수 없는 불가사의한 현상이 생긴다. 이 양자역학은 '디지털'의 특징도 가지고 있다.

학교에서 배우는 뉴턴 역학의 에너지는 속도와 질량이 약간만 바뀌어도 에너지의 양도 그에 비례해 변화한다. 이것을 그래프로 그리면 완만한 선을 그린다. 말하자면, 뉴턴 역학은 아날로그의 세계다. 그에 비해 원자핵의 세계는 디지털 세계로 이루어져 있고, 에너지도 계단 모양으로 변화한다. 원자핵 에너지를 그래프로 그리면 각진 계단 모양이 만들어진다.

'어라? 어디선가 본 모양인데?', '어쩐지 눈에 익은 모양이잖아?'……. 이쯤 되면 눈치 빠른 독자들은 이미 알아차렸겠지만, 이것은 바로 소수 계단 그래프와 쌍둥이처럼 쏙 빼닮았다!

과학사를 뒤바꾼 물리학자와 수학자의 티타임

다이슨의 '발견' 계기는 휴 몽고메리(Hugh Montgomery)라는 인물과의 만남에 있었다. 다이슨이 적을 두고 있던 프린스턴 고등연구소에는 정해진 '티타임'이 있었다. 그 티타임 시간에 물리학자와 수학자가 토론을 벌이거나 담소를 나눌 기회가 있었다. 두 사람은 바로 의기투합했고, 서로의 분야가 밀접히 관련되어 있다는 사실을 깨달았다.

다이슨 : 어떤 연구를 하십니까?

몽고메리 : 리만 제타 함수 영점 분포를 찾는 중입니다.

다이슨 : 오~!, 그걸 식으로 가르쳐 주실 수 있을까요?

몽고메리 : 상관계수가 이런 모양이고…….(냅킨에 메모하며)

$$1-\left(\frac{\sin(\pi x)}{\pi x}\right)^2$$

다이슨 : 바로 이거야! 몽고메리 씨가 쓴 수식은 무거운 원

자핵의 에너지 단위와 똑같군요. 깜짝 놀랐습니다!

그 순간, 두 사람은 원자핵 에너지가 리만 가설(Riemann Hypothesis)과 관계 있다는 사실을 깨달았다. 원자핵 에너지의 간격과 제타 함수의 영점 간격이 '똑같아 보였기' 때문이다. 말하자면, 제타 함수의 영점 간격은 소수 계단의 계단 너비와 같다. '원자핵 에너지 계단과 소수 계단이 똑같아 보인다'는 의미일까?

여기서 잠깐! '똑같다'가 아니라 '똑같아 보인다'에 집중해야 한다. 물리학자와 수학자의 언어는 대충 넘어가는 법이 없다. 설렁설렁 흘려들으면 자칫 큰일 날 수도 있다. 좀 더 확실하게 해석해 보자. 다시 말하자면, 완전히 동일하지는 않지만 계단의 너비가 같은 꼴을 보인다는 의미다.

예를 들어 일반 건물 계단처럼 항상 계단의 너비가 같은 경우와 공원 계단처럼 계단 너비가 장소에 따라 달라지는 경우 확실히 패턴이 달라진다. 하지만 '어느 정도 일정한가?'를 수학적으로 조사해 보면 공원 A와 공원 B 계단의 너비가 전체적으로 같은 패턴으로 보일 수 있다. 이를 통계용어로 '분포가 같다'고 표현한다. 계단 너비의 약간의 차이가 '같다'는 말이다.

요컨대, 다이슨과 몽고메리는 원자핵 계단과 소수 계단의 너비가 같은 통계 분포를 보인다는 사실을 발견한 셈이다. 우리는 뉴턴 역학에 너무도 익숙해져 모든 에너지가 연속된다고 생각하기 쉽다. 그러나 궁극의 공간에서 우주를 만드는 구조가 계단을 이루고 있다면 그것은 소수 세계일지 모른다. 아무리 그래도 지나치게 잘 만들어진 감이 없지 않다. 우주에는 제타 함수의 (자명하지 않은: 이 책에서 '자명하다'는 '척 보면 안다'는 의미_ 옮긴이) 영점과 무거운 원자핵 에너지 단위에 밀접한 연관성이 있을까? 아니면 단순한 우연일까?

우주의 비밀을 쥔 숫자 42

다이슨과 몽고메리의 '발견'에 대해 수학계와 물리학계 모두 처음에는 싸늘한 시선으로 바라보았다고 한다. 말하자면 '그거 실화야? 우연 아니야?'라는 분위기가 지배적이었던 모양이다.

그러다 1996년 프린스턴 대학교의 수학자인 피터 사내크(Peter Sarnak)가 문제를 제기했다. 사실 문제를 제기했다기보다는 물리학계에 도전장을 던졌다고 하는 것이 맞을 것이다.

■ 사내크의 도전장 — 제타 함수의 성질과 원자핵의 성질이 같다면 제타 함수의 모멘트를 계산하라.

'모멘트'라는 새로운 개념이 나왔다. 영어로 '잠깐만 기다려 주세요'라고 말할 때 'Just a moment'라고 말한다. 모멘트는 '순간'을 의미한다. 하지만 이 단어의 어원을 거슬러 올라가면 '움직인다'는 뜻의 'move'에 가깝다. 그리고 대학 물리학에서는 크기가 큰 물체의 '회전 양상'을 나타내는 '관성 모멘트'를 가르친다.

모멘트는 넓은 의미에서의 물체 저항을 일컫는다. 예를 들어 도넛 모양의 물체를 훌라후프처럼 중심축 주위를 회전시킬 때 어렵지 않게 회전시킬 수 있지만, 같은 물체를 원의 지름에 따라 돌리려고 하면 좀처럼 돌아가지 않는다. 이는 회전축이 어떠한 거리에 기질이 분포되어 있는지에 달려 있다. 조금 더 간단한 비유를 들어 설명하자면, 전자동 세탁기에 얇은 여름 이불 홑청만 달랑 한 장 넣고 돌릴 때 무게중심이 한쪽으로 치우쳐 덜컹덜컹 흔들리기 시작하다가 경고음을 내며 작동을 멈추는 것과 같은 이치다.

그와 마찬가지로 회전 운동이 원활하게 일어나려면 기질의 기울기가 중요하다. 다시 말해, 분포와 밀접하게 관계되어 있다. 즉, 물리학에서의 모멘트는 기울기나 분포를 의미한다.

마찬가지로 통계학에서도 모멘트를 계산한다. 이 경우, 데이터의 편차나 분포를 가리킨다. 가령 누구나 아는 평균치는 '1차 모멘트'이고, 여기저기 흩어진 데이터를 나타내는 분포는 '2차 모멘트'이며, 좀 더 고차적인 모멘트를 계산할 수 있다. 참고로 '차(次)'는 '계산 수준'을 나타내는 용어다. 1차 방정식이나 2차 방정식을 떠올리면 이해하기 쉽다. 그런데 좌우대칭이 아닌, 한쪽으로 치우친 데이터 분포 등은 고차 모멘트를 계산하면 '비뚤어진 양상'을 알 수 있다.

요컨대, 사내크의 도전장은 '제타 함수의 자명하지 않은 영점의 불규칙한 분포를 계산하라'는 뜻으로 풀이할 수 있다. 물리학자들이 무거운 원자핵의 성질을 계산할 때 사용하는 방법을 활용해 들쭉날쭉한 소수 계단 너비를 계산해 보라. 그러면 우리 수학자의 계산과 비교해 볼 테니…… 뭐, 대충 이런 의미다.

사실 수학자들은 최초 두 개의 모멘트를 모두 계산했다. 1918년 하디(Godfrey Harold Hardy, 1877~1947)와 리틀우드(John Edensor Littlewood, 1885~1977)가 최초 모멘트를 '1', 1926년에 잉햄(Ingham)이 두 번째 모멘트를 '2'라고 내놓았다. 그리고 제법 세월이 흐른 1992년에 콘레이 등이 세 번째 모멘트를 '42'라고 제안했다.

참고로 『은하수를 여행하는 히치하이커를 위한 안내서(The Hitchhiker's Guide To The Galaxy)』라는 아주 유명한 책이 있다. 영국식 유머가 가득한 SF시리즈로, 처음에는 라디오 드라마로 시작되었다. 이후 소설로 각색되었고, 35개국에서 번역되어 전 세계에서 1,600만 부가 팔려나간 엄청난 베스트셀러로 자리매김했다. 그 책에 우주의 비밀을 쥔 숫자로 '42'라는 숫자가 나온다. 그리고 사내크가 도전장을 낸 지 불과 4년 뒤인 2000년에 양자물리학자인 존 키팅이 동료 학자와 함께 세 번째 모멘트를 원자핵과 같은 방법으로 계산해 냈다. 그 숫자는………'42'였다!

우주와 원자핵을 잇는 미스터리

이야기는 아직 끝나지 않았다. 수학자 콘레이는 다음 모멘트를 '24024'라고 제안했다. 제타 함수의 영점 모멘트 계산은 난제로 여겨졌다. 실제로 하디와 리틀우드, 잉햄의 결과에서 반세기가 지나도록 수학자들은 세번째 모멘트를 계산하지 못했다. 제타 함수 영점의 전체상이 불명확했기에 정확한 계산이 어려웠다.

그러나 수학자들이 뼈를 깎는 노력을 한 끝에 24024라는 네 번째 숫자를 내놓았고, 키팅은 그 숫자를 눈에 불을 켜고 검증했다. 놀랍게도 수학자와 물리학자의 계산 결과가 일치했다. 다시 말해, 제타 함수의 영점과 원자핵 에너지 단위(정확히는 '랜덤 행렬 이론'이라 부른다)는 정말로 패턴이 동일했던 것이다.

다이슨과 몽고메리의 만남으로 시작해 실제적인 연구가 진행되었다. 그리고 키팅 등의 등장으로 수학자들의 인식도 바뀌었다. 그때까지는 수학이 물리학을 선도한다는 인식이 강했다. 수학자들이 무언가 미지의 발견을 하면 그 발견 결과를 물리학자가 자연계와 우주에 대입시킨다는 것이 학계의 상식이었다. 그런데 드디어 물리학이 수학을 앞지를 조짐을 보이기 시작했던 것이다. 물리학자들이 자신들의 방법을 무기로 삼아 수학자들이 머리를 싸안고 고민하던 난제에 구원의 손길을 내밀었다.

결과적으로 순수 수학의 세계는 원자핵 등 실제로 존재하지 않는, 이른바 추상적 꿈의 세계를 주로 다룬다. 반면 물리학자는 원자부터 우주까지 현실 세계를 중점적으로 다룬다. 그런데 바야흐로 수학자의 꿈과 물리학자의 현실

이 융합하기 시작한 것처럼 느껴졌다. 물론 아직 모든 수수께끼가 해명되지는 못했다. 무엇보다 다이슨과 몽고메리의 만남부터 오늘날에 이르기까지, 누구도 '어째서 제타함수의 영점과 원자핵 에너지 단위가 동일한 패턴을 보이는가?'라는 물음에 대한 근본적인 이유를 설명하지 못하기 때문이다.

상대성이론 탄생이 40년이나 늦어진 기막힌 이유

프리먼 다이슨은 미국 수학회 회지에 '우리가 안타깝게 놓친 기회'라는 글을 기고했다. 아인슈타인이 상대성이론을 발견하기 40년 전, 즉 1865년 시점에 상대성이론으로 이어지는 정보가 유럽의 학계에 이미 퍼져 있었다. 당시 수학계를 이끌던 독일 괴팅겐 대학교의 수학자들과 맥스웰 방정식을 다루던 물리학자들 사이에 교류가 이루어졌더라면 상대성이론은 1865년 무렵 발견되었을지 모른다. 그런데 그들은 고립된 채 서로 대화를 나누지 않았고, 수학자는 수학자끼리, 물리학자는 물리학자끼리 틀어박혀 연구하며 우물 안의 개구리가 되어 갔다. 결국 세상은 아인슈타인이라는 한 사람의 천재의 출현을 기다려야 했다.

이 다이슨의 글에 마커스 드 사토이(Marcus du Sautoy)라는 수학자가 재미있는 지적을 했다. 다이슨 자신이 1972년에 몽고메리와 만나 기적의 발견을 했다. 즉, 다이슨은 기회를 포착했다는 이야기다. 수학과 물리학이 견해 차이를 넘어 공동으로 리만 가설 해결에 매달린다. 그러면 머지않은 미래에 리만 가설이 증명되는 것도 마냥 꿈같은 이야기는 아니다. 물론 상대성이론처럼 한 사람 천재의 출현을 기다려야 할 수도 있다. 리만 가설의 해결이 어떤 패턴을 보일지는 오직 신만이 아는 문제일까.

초끈이론을 이론적으로 완성시키는 소수

우주 관련 이론 중에 최신 물

리학 이론인 '초끈이론'을 살짝 훑어보자. 앞에서 우주는 11차원으로 펼쳐진다고 이야기했다. 초끈이론은 이 우주가 '어느 특수한 형태'로 펼쳐지지 않으면 전체적으로 수학적 정합성을 유지할 수 없다는 이론이다.

우리는 학교에서 x축, y축, z축이라는 세 가지 축을 배웠다. 또 만약 입체라면 가로, 세로, 높이를 모두 가지고 있다. 그리고 눈에는 보이지 않지만 과거와 미래라는 시간이 펼쳐진다. 아인슈타인은 이 시간이야말로 네 번째 차원이며, 이 우주는 4차원으로 이루어져 있다고 생각했다. 아인슈타인 이후 상당수 물리학자가 그의 생각에 동의했다.

그런데 다른 아이디어를 내놓는 물리학자도 있었다. 아인슈타인과 동시대에 테오도어 칼루차(Theodor Franz Eduard Kaluza)라는 물리학자가 발견해 세계를 5차원으로 바라보는 사고방식을 우리는 '칼루차-클라인(Kaluza - Klein theory)' 이론이라고 부른다. 참고로, 우주가 5차원으로 펼쳐진다고 맨 처음 주장한 사람은 칼루차가 아니라 핀란드의 물리학자인 군나르 노르드스트룀(Gunnar Nordström, 1881~1923)

이지만 전문 서적 이외에는 이름이 남아 있지 않다.

어쨌든 아인슈타인 이후에도 '우주가 4차원보다 더 많은 차원으로 펼쳐진다'는 연구가 꾸준히 이어졌다. 하지만 '별난 가설'로 간주되어 주류 물리학에는 끼지 못했다. 그런데 이 판세를 완전히 뒤집어 놓은 결정적 한 방이 나왔다. 바로 '초끈이론'이다.

초끈이론은 '삼라만상은 점이 아닌 끈으로 이루어져 있다'는 발칙한 주장으로 세상을 발칵 뒤집어 놓은 유명한 이론이다. 그러나 아인슈타인의 중력이론(일반상대성이론이라고도 부른다)과 양자역학을 수학적으로 교묘하게 융합시킬 수 있는 이들이 이론 물리학자의 최종병기인 '궁극 이론 후보'인 것이다.

초끈이론이 수학적으로 모순되지 않으려면 시간과 공간을 합한 수가 '11'이 되어야 한다(11이 무너져 10이나 4가 되는 건 상관없다). 교과서에는 이에 관한 증명이 실려 있는데, 그 증명에 제타 함수가 등장한다.

$$m^2=\frac{1}{2}(D-2)\sum_{n=1}^{\infty}n+\sum_{n=1}^{\infty}na_n^{u^+}a_n^u$$

자세히 들여다보자. $\sum_{n=1}^{\infty}=1+2+3+4+\cdots+\infty$과, 정수를 더한다(공식 의미는 초끈이론 참고문헌을 살펴보자). 이는 제타 함수 $\delta(s)$에 $s=1$을 대입한 식이다. 하지만 이대로는 답은 무한히 커진다. 물리학에서는 무한대가 나오는 순간 끝장이다. 무한대가 나오면 계산이 불가능해지기 때문이다. 그러므로 무한대를 피하려고 갖은 애를 쓴다. 여기서 제타 함수는 무시무시하게 '변신'한다!

$$1+2+3+4+\cdots+\infty=-\frac{1}{12}$$

뭐야? 1부터 순서대로 무한까지 더하면 마이너스 12분의 1이 된다고?

학교에서 배운 법칙이 와장창 깨지는 순간

자자, 울렁거리는 가슴을 잠시 가라앉히고 이 말도 안 되게 복잡해 보이는 식을 이해하기 위해 잠깐 다음 계산을 풀어 보자.

■ 계산 1

$1+x+x^2+\cdots$의 x에 0.1을 대입한다.

■ 계산 2

$\frac{1}{(1-x)}$의 x에 0.1을 대입한다.

잠시 연필을 들고 계산해 보자. 계산 1은 1+0.1+0.01…=1.11…이 된다. 그리고 계산 2는 1/(1−0.1)=1/0.9=1.11…이 된다. 즉, 두 계산은 정확히 일치한다. 수학 시간에 미적분을 배울 때 '테일러급수'라는 개념이 나온다.

$\frac{1}{(1-x)}$가 $1+x+x^2\cdots$으로 전개될 수 있다고 배운다.

$$\frac{1}{(1-x)}=1+x+x^2+\cdots+\infty$$

위와 같은 등식이 성립하므로 x에 0.1을 대입한 결과가 같아진다. 자, 여기까지 무사히 따라온 독자라면 다음과 같은 난감한 상황을 한번 상상해 보자.

■ **난감한 상황**

어느 물리학이론에 $f(x)=1+x+x^2+\cdots+\infty$이라는 함수가 나오고, $x=2$일 때 답이 무한대가 된다! 앞에서 말했듯, 물리학에서는 무한대를 질색한다. 그렇다면 도대체 어떻게 해야 무한대를 피할 수 있을까?

여러분은 이미 답을 알고 있다. $f(x)$를 '변신'시켜 $f(x)=1/(1-x)$라는 형태를 활용하면 짜잔 하고 문제가 해결된다. 이 변신 후의 함수라면 $x=2$를 대입해도 $f(x)=1/(1-2)$이 되어 문제는 발생하지 않는다!

문제를 푸느라 달아오른 머리를 식힐 겸 잠시 휴식! 예전에 어느 강연회에서 이 이야기를 했더니 참가자 하나가 손을 번쩍 들고 "다케우치 선생님은 머리가 이상합니다"라고 항의하듯 말했다. 알고 보니, 대학에서 물리학을 공부한 사람이었다. 그는 나에게 "이 등식이 성립하는 조건은 x가 작을 때뿐이지 않습니까? 전문가라는 양반이 얼렁뚱땅 넘어갈 생각일랑 마십시오!"라며 정색을 하고 호통을 쳤다.

아, 그 순간 등에 식은땀이 흘렀다. 억울했다. 이 이야기는 내가 얼치기로 만들어 낸 이야기가 아니라 전 세계 제타 함수 교과서에 실려 있는 기본 예제이기 때문이다. 고도의 수학일수록 이해를 뛰어넘는 세계로 발을 들이밀게 된다. 학교에서 배운 법칙이 와장창 깨지는 건 순식간이다. 말로 설명하기 힘들지만, 운전학원에서 배운 기본 규칙은 어디까지나 기본 규칙이고 F1 레이스에서 우승하려면 규칙을 자꾸자꾸 깨부수어야 하는 상황과 비슷하다고 할까.

그래도 이해하기 힘든 독자를 위해 일단 나름대로 설명을 덧붙여 보기로 하자.

■ 나름대로 설명

그 물리학자는 최초에 x의 값이 작은 경우만을 생각해 $f(x)=1+x+x^2+\cdots+\infty$라는 함수를 발견했지만 그 값은 근사치에 지나지 않았고 진짜 함수의 형태는 $f(x)=1/(1-x)$였던 것이다!

자, 이제 이해가 되는가? 이쯤 되면 함수의 변신에 대해 대강이나마 이해할 수 있게 되지 않았을까.

삼라만상은 수학을 매개로 서로 연결된다

이야기를 다시 제타 함수로 돌려보자.

$$1+2+3+4+\cdots+\infty=-\frac{1}{12}$$

위와 같은 제타 함수의 변신을 1749년에 오일러(Leonhard Euler, 1707~1783)가 증명했다. 오일러는 제타 함수가 자유자재로 모습을 바꿀 수 있다는 사실을 간파했다. 그리고 제타 함수의 변신 모양은 현대의 초끈이론 교과서에서 '우주가 11차원으로 이루어져 있다'는 주장을 이끌

어낼 때 사용된다. 세월을 뛰어넘은 수학의 깊이와 힘을 느끼게 해 주는 사례라고 할 수 있다.

"원자핵은 제타 함수에 지배되나요?"

"초끈이론도 제타 함수와 관계있나요?"

아직은 누구도 정확히 답할 수 없는 질문이다. 제타 함수 연구가 좀 더 활발히 진행되면 마침내 리만 가설을 완전히 푸는 날이 오지 않을까? 그러면 초끈이론과 원자핵이론 등 우주를 기술하는 이론에도 커다란 진전을 기대할 수 있을 것이다. 아니, 그와는 반대로 물리학이 진보해 리만 가설이 해결될 가능성도 있다.

우주의 갖가지 현상, 다시 말해 삼라만상이 수학을 매개로 이어져 있다. 이 얼마나 심원한 이야기인가!

3장

수학과 예술의 **환상적인 만남**

소수의 세계의 본질은 수학자는 실감할 수 있고, 수학 마니아도 까치발을 하고 발돋움하면 그 너머를 살짝 엿볼 수 있다는 점이다. 하지만 평소에 수학에 관심이 없던 사람은 수식이나 이론이 높다란 진입장벽을 만들어 좀처럼 소수의 아름다움을 감상하기 어렵다.

그런데 수학을 싫어하는 사람도 실천할 수 있는 아주 쉬운 방법이 한 가지 있다. 소수와 예술의 관계를 찾아보는 방법이다. 놀랍게도, 수학과 예술은 친척 관계다. 그러므로 예술을 감상함으로써 소수의 세계를 눈으로 보거나 귀로 들을 수 있다. 예술의 아름다움의 근원에 소수의 세계가 있다니, 참으로 낭만적이지 않은가?

'음향학의 아버지'도 푹 빠졌던 소수

마랭 메르센(Marin Mersenne, 1588~1648)은 신학자이자 수학, 물리학, 철학을 넘나들며 여러 분야에서 위대한 업적을 남겼다. 한발 더 나아가 메르센은 음악 연구에도 심취하여 평균율(음률의 일종) 이론서를 집필하기도 했다. 그 공로를 인정받아 그는 '음향학의 아버지'라는 칭호를 얻었다.

이야기가 잠시 옆길로 샌 느낌이지만, 잠깐 동안이나마 마음의 여유를 갖고 편안하게 들어 보자. 음악에서 1옥타브의 높은음은 1초 동안 공기의 진동수가 2배가 된다. 이를 12음의 평균으로 나눈 것을 '평균율'이라고 한다. 간단히 예를 들어 보자. 서로 붙어 있는 미와 파의 진동수는 '2의 12분의 1제곱 : 1'이 된다. 2의 12분의 1제곱은 12번

곱하면 '2'가 되므로 12음계를 올라가면 진동수가 2배가 된다.

이렇게 하면 같은 멜로디의 곡을 어떤 음부터 시작해도 칠 수 있기 때문이다. 피아노 건반에서 검은 건반만 사용해 "떴다 떴다 비행기" 같은 동요를 칠 수 있지만, 첫 음을 하얀 건반으로 살짝 바꾸어도 칠 수 있다. 이를 '조옮김[移調]'이라 한다.

노래방에서 노래를 부를 때 음정을 살짝 올렸다 내렸다 하는 것도 '조옮김'이다. 재즈 음악가는 같은 곡을 12가지 조로 연주할 수 있다. 현란한 연주가 가능한 것도 음의 진동수가 평균적으로 나란하기 때문이다(음 이탈도 판소리도 이제 그만! 사설은 접어 두고 본론으로 돌아가자).

이 평균율을 연구하던 메르센의 집안 형편은 결코 넉넉하지 않았다. 하지만 그는 비범한 재능이 있었기에 열여섯 살 때 라플레슈(La Fléche)에 있는 왕립학원에 진학했다. 왕립학원은 '가정 형편이 넉넉지 못해도 재능 있는 젊은이에게 교육의 기회를 준다'라는 이념을 내걸고 예수회가 창설한 교육기관이다.

마랭 메르센보다 여덟 살 어린 학생 중에 "나는 생각한다. 고로 존재한다"라는 명언으로 유명한 철학자 르네 데카르트(RenéDescartes, 1596~1650)가 있었다. 두 사람은 같은 학교에 다녔는데, 학교에서 데카르트는 메르센보다 두 학년 후배였다. 메르센과 데카르트는 늘 붙어 다니는 단짝으로 평생 우정을 나누었다고 한다.

데카르트는 상당히 별난 인물이라 많은 일화를 남겼다. 여기서는 데카르트 인생의 마지막 장면을 소개하기로 한다. 늦잠을 자는 습관이 있던 데카르트는 만년에 스웨덴의 크리스티나 여왕에게 초빙받아 극지방의 추위가 기승을 부리는 스웨덴으로 삶의 터전을 옮겼다. 그런데 아침형 인간인 여왕에게 맞추느라 울며 겨자 먹기로 새벽 다섯 시부터 강의해야 했고, 급기야 컨디션이 무너져 감기에 걸렸다. 결국 그는 감기가 폐렴으로 악화되어 허무하게 세상을 떠났다고 한다. "일찍 일어나는 새가 벌레를 잡는다"라는 속담처럼 아침형 인간인 여왕이 늦잠꾸러기인 데카르트를 잡은 격이라고나 할까! 세상은 위대한 철학자를 이토록 허무하고도 안타깝게 잃었다.

아무튼, 그런 데카르트는 삼십 대 초반에 네덜란드로 이주했다. 한데, 그는 그때 아무에게도 자신의 주소를 가르쳐 주지 않았다고 한다. 말하자면 철학 사상에 심취하기 위한 자발적 은둔 생활로, 시대를 앞서가는 은둔형 외톨이였던 셈이다. 그러나 그런 데카르트도 오직 한 사람, 절친한 벗이었던 메르센에게는 기꺼이 주소를 가르쳐 주고 서로 자주 왕래했다. 두 사람은 평생 우정을 나눈 진정한 벗이었다.

한편 메르센은 프랑스 파리 대학교에서 신학을 공부했다. 그는 연구자끼리 성과를 주고받는 인적 네트워크를 만든 선구자였다. 요즘에는 각국에 왕립협회나 학사원 등 다양한 학회가 있지만, 당시에는 요즘 같은 제도와 기관이 없었다.

메르센은 당시 수도원 살롱에 이런저런 연구자들을 초대해 적극적으로 교류를 도모했다. 요즘 식으로 말하자면, 소규모 심포지엄인 셈이다. 피에르 페르마, 르네 데카르트, 갈릴레오 갈릴레이, 크리스티앙 하위헌스, 에반젤리스타 토리첼리 등 당대의 내로라하는 과학자들 사이에 다리를 놓아 주는 중개자 역할을 맡아 그는 적극적으로 활동했다. 그중에서도 지동설을 주창하며 미묘한 입장에 처했던 갈릴레오를 높이 평가해 편지를 주고받기도 하고, 그의 책을 프랑스 최초로 번역하기도 했다.

메르센이 주최한 파리의 살롱은 그가 세상을 떠난 후인 1666년에 파리 과학 아카데미로 발전했다. 살롱에서는 정보 교류의 일종으로 소책자가 만들어지기도 했다. 이 소책자가 나중에 과학 전문지로 발전했다. 오늘날 과학 전문지에는 'letters(편지)'라는 제목이 붙는 코너가 있다. 요즘은 'letters'가 짧은 전문 논문을 가리키지만, 본래는 독자들에게 받은 실제 편지를 소책자에 실었던 코너였다고 한다. 현재 《Science》나 《Nature》 등의 과학 학술지, 그리고 학회 등의 틀을 만들고 씨를 뿌린 인물이 바로 메르센이다.

그런 메르센과 관련된 소수가 있었으니, 바로 메르센 소수다! 2의 n제곱 빼기 1, 즉 (2^n-1)의 형태로 이루어진 소수다. 좀 더 구체적으로는 3, 7, 31, 127, 8191…… 등이 메르센 소수에 해당한다.

수학계를 감동시킨 한 줄의 간단한 식

메르센 역시 모든 소수 공식을 찾으려는 이루지 못할 꿈을 꾸었나. 그는 연구 과정에서 2의 n제곱에서 1을 뺀 숫자 중에 소수가 유독 많다는 사실을 발견했다. 메르센은 '2의 n제곱 빼기 1이 소수라면 n도 소수다'라는 가설을 세우고 증명했다(다만 반대의 경우, 즉 'n이 소수라면, 2의 n제곱 빼기 1도 소수다'라는 가설은 옳지 않다).

참고로 2의 n제곱 빼기 1 형태를 취해도, 가령 2047(2의 11제곱 빼기 1)과 같이 소수가 아닌 경우가 대부분이므로 단순히 메르센 수라 부른다. 실제로 127 다음에 오는 메르센 소수는 훌쩍 뛰어넘는다기보다 훨훨 날아올라 2의 13제곱 빼기 1인 8191이다.

사실 오늘날까지 찾고 있는 최대 소수는 기본적으로는 메르센 소수를 발견하려는 시도라고 할 수 있다. 역시 무한한 숫자 중에서 무모하게 소수를 찾는 작업은 건초더미에서 바늘을 찾는 일과 다름없다. 그러므로 메르센 소수라는 형태가 기본적인 소수 탐색법으로 자리 잡았다.

2014년 4월 기준으로, 지금까지 알려진 메르센 소수는 매우 적다. 전부 합해 봐야 4개밖에 안 된다. 그중 순서대로 확정된 메르센 소수는 42개로 더 줄어든다. 즉 43번째 메르센 소수인 2의 3,040만 2,457제곱 빼기 1이라는 숫자는 43번째이거나, 혹은 그보다 아래 수에 우리가 모르는 소수가 숨어 있어 실제로는 44번째일 수도 있다. 이 숫자를 둘러싼 논의는 지금 이 순간에도 활발히 이루어지고 있다.

사실 단순한 형태로 연구하기 쉬운 측면도 있어, 오일러도 이 소수를 연구했다. 이 2의 n제곱 빼기 1을 기호로 $m(n)$이라고 쓴다. m은 메르센의 머리글자로, 괄호 안이 n제곱의 n을 타나낸다.

오일러는 1772년에 $m(31)$이 소수임을 증명했다. 결론적으로, 소수 연구에서 메르센 소수는 상당히 큰 비중을 차지하고 있음을 알 수 있다. 메르센 자신은 n이 2, 3, 5, 7, 13, 17, 19, 31, 67, 127, 257로 총 11개가 소수라고 생각했지만 61, 89, 107이 빠졌고, 67과 257은 합성수였다(합성수란 둘 이상의 소수를 곱해 합성된 숫자다).

여기에 얽힌 재미난 일화가 있다. 1903년 미국의 프랭크 넬슨 콜(Frank Nelson Cole)이 뉴욕에서 열린 미국 수학회에서 칠판에 이렇게 적었다.

$$m(67)=193707721\times761838257287$$

즉, 그는 소수라고 믿었던 $m(67)$이 합성수임을 증명했다! 칠판에 필기를 마치자마자 발표는 끝났다. 그 순간, 학회장은 찬물을 끼얹은 듯 조용해졌다. 그리고 잠시 후 행사장이 떠나가도록 요란한 박수갈채가 울려 퍼졌다.

메르센이 소수라고 믿던 숫자가 소수가 아니었음이 판명되었을 뿐인데도 쟁쟁한 수학자들의 칭찬이 그토록 자자하다니 그 정도로 대단한 일인가? 이해가 가지 않는 독자를 위해 설명을 덧붙이자면, 당시는 아직 컴퓨터가 없던 시대였다. 그 시절에 $m(67)$이라는 어마어마한 자리의 수가 합성수라는 사실을 증명하려면 거의 한평생을 바쳐야 했다. 그리고 단 한 줄의 간단한 식으로 수학계가 감동했다는 사실에 소수에 숨겨진 아름다움, 그리고 심오함을 느낄 수 있다. 사람을 끄는 매혹적인 소수의 본질을 잘 보여 주는 사건이다.

소수의 아름다움을 시각적으로 표현하면?

인터넷을 타고 퍼지며 누리꾼들의 관심을 모은 애니메이션이 있다. 자, 여기서 잠깐, 깜짝 퀴즈! 다음 페이지에 있는 세 개 그림은 무엇을 나타낸 그림일까? 이제 답을 확인해 보자.

먼저, 그림 2-1은 숫자 11을 나타낸다. 원을 그리고 있는 모습이 보일 것이다. 원은 소수를 표현한다. 소인수분해를 하더라도 분해할 수 없을 때는 소수이므로 원을 그리는 수밖에 없다.

그림 2-2는 82를 나타낸다. 이 그림에서는 41의 소수가 두 개 있으므로 이중 원이 그려진다. 그림 2-3은 200이라는 숫자를 시각적으로 표현했다. 200은 소인수분해하면 5×5×2×2×2가 된다. 즉 큰 점의 무리가 다섯

그림 2 • 무엇을 그린 그림일까?

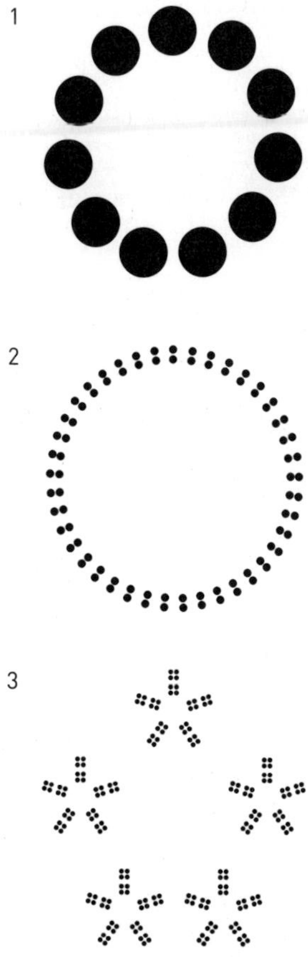

(출처 : http://www.datapointed.net/visualizations/math/factorization/animated-diagrams/)

개 있고, 그 무리의 변이 다섯 개 있다. 이를 자세히 살펴보면 하나의 덩어리에 2×2×2가 있음을 알 수 있다. 고심 끝에 만들어진 이 애니메이션은 소수의 아름다움을 시각적으로 표현한 근사한 예다. 참고로, 이 애니메이션은 10,000까지의 숫자를 아름다운 도형으로 그려내 보여준다.

수학과 예술은 의외로 궁합이 좋다. 거기에 인터넷의 등장으로 정보 공유와 소통이 활발해지며 많은 사람이 볼 수 있게 되었다. 무미건조하게 여겨지던 수학에서 다채로운 매력을 보여 줄 수 있게 되어 수학 마니아의 한 사람으로서 그저 행복할 따름이다.

소수를 멜로디로 만든 사람들

학자뿐 아니라 다양한 분야의 사람들이 소수의 세계에 이끌린다. 이번에는 소수와 음악에 대해 살펴보자. 수학과 음악의 관련성 역사는 피타고라스 시대까지 거슬러 올라간다. 피타고라스의 사상은 "세계의 근원은 수다"라는 말로 귀결된다. 이 한마디를 바탕으로 '피타고라스학파'라 불리는 철학 학파가 탄생했다.

피타고라스는 대장장이가 모루 위에 쇳덩이를 올려놓고 벼릴 때 망치로 두드리는 소리를 듣고 망치의 무게 비율로 소리의 진동수가 정수에 가까워진다는 사실을 간파했다고 한다. 진동수란 1초 동안 몇 차례 진동하는지를 의미한다(이후로는 평균율에 관한 설명이 이어진다). 1옥타브는 진동수가 1:2이고, 도와 솔은 2:3, 도와 파는 3:4와 같은 식이다. 진동수가 높은 쪽, 다시 말해 많이 진동하는 쪽이 높은 소리를 낸다. 세계 각지에서 음계(스케일)가 다른 것은 이 비율이 미묘하게 다르기 때문이다.

재즈 등의 음악에서 즐겨 사용하는 '텐션'이라 부르는 음의 조합은 우리가 긴장을 느끼는 소리다. 말하자면, '불협화음' 같은 것이다. 이러한 음은 같은 음끼리의 비율이 정수비를 이루지 않는다. 하지만 일부러 정수비를 이루지 않는 음을 집어넣어 재즈의 '재즈다운 분위기'를 자아낸다(물론 리듬의 스윙도 빼놓을 수 없다). 그런데 소수 그 자체를 음표로

그림 3 • chris caldwel 'The primes'

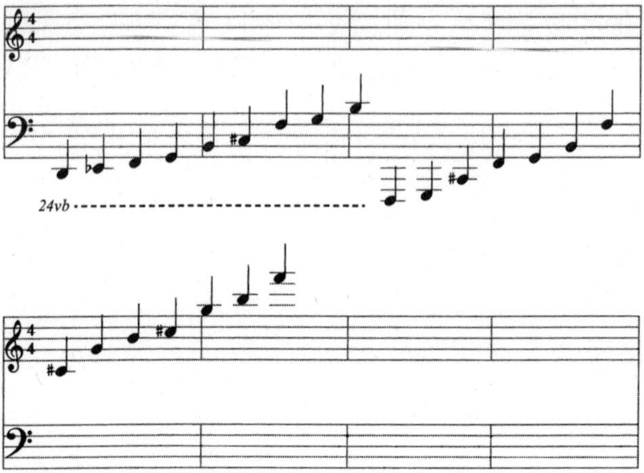

(출처 : http://primes.utm.edu/)

나타내면 어떻게 될까?(그림 3)

어쩐지 신비스러운 음악이다. 인간이 만든 멜로디와 바람과, 파도소리의 중간 같은 인상을 준다. 컴퓨터로 음악 작업을 할 때는 MID라는 표준 방식을 사용한다. 이 프로그램은 피아노로 말하자면, 128개의 건반에 컴퓨터가 이해하는 번호가 매겨져 있다. 그 번호 중 소수만 치면 소수

그림 4 • chris caldwel 'The primes modulo seven'

(출처 : http://primes.utm.edu/)

음악이 만들어진다.

음악은 음악인데 살짝 아쉬운 느낌이 든다고? 그렇다면 소수를 특정 정수로 나누고, 그 나머지를 음악으로 만드는 방법도 있다. (구체적으로는, 예를 들어 소수를 7로 나눈 나머지에 55를 더하는 등) 살짝만 응용해 적용해도 소수에서 비롯된 음악을 다양한 변주곡으로 들을 수 있다.(그림 4)

눈을 감고 들어보면 영화의 한 장면에 나올 법한 음악이다. 음악 자체는 단조롭고 규칙적이지만, 말로 설명하기 어려운 오묘한 분위기가 감돈다.

이 음악은 미국 테네시 마틴 대학교(The University of Tennessee at Martin)의 크리스 콜드웰 교수와 영국 옥스퍼드 대학교의 마커스 드 사토이 교수가 소수를 몸으로 느낄 수 있도록 만든 소수 체험 음악이다.

바이올린과 소수 계단

마커스 드 사토이 교수는 소수 관련 명저인 『소수의 음악』(원제 : The Music of the primes)의 저자로 유명하다. 이 책은 시간을 투자해 읽을 가치가 충분하다. 일반적인 과학 서적의 경우, 소설과 달리 스토리나 캐릭터의 매력이 떨어져 독자를 끌어들이지 못하기가 쉽다. 그러나 뛰어난 과학 서적은 절묘한 비유를 맛볼 수 있다. 사토이 교수는 참신한 비유로 소수 계단과 리만 가설을 설명한다.

■ 바이올린과 소수 계단

바이올린의 섬세하고 풍부한 음색은 몇 가지 음의 파장을 서로 더해 만들어진다. 그래서 바이올린은 단순한 소리굽쇠의 소리와 다른 소리를 낸다. 마찬가지로, 소수 계단의 섬세한 계단은 무수한 제타 함수의 영점 정보를 서로 더해 만들어진다. 바로 그 부분이 단순한 가우스(Carl Friedrich Gauss, 1777~1855) 공식과의 차이다.

내 나름대로 표현을 살짝 다듬어 보았다. 아무튼, 밋밋한 가우스의 소수 공식에서 진짜배기 소수 계단으로 옮겨가려면 소리굽쇠의 소리에서 바이올린의 음색으로 옮겨가는 것과 마찬가지로 수많은 '소리'를 서로 더할 필요가 있다는 말이다. 그것이 '소수 음악'의 의미다.

참으로 절묘한 비유이지 않은가! 아니, 비유라기보다 완전한 대응관계다. 어쩌면 우주 어딘가에, 리만의 제타 함수를 그대로 '들을 수 있는' 지적 생명체가 있을 수도 있다. 이 책을 여기까지 읽은 독자는 상상의 나래를 활짝 펴서 제타 함수가 연주되는 소수 음악을 들을 수 있으리라 믿어 의심치 않는다.

자, 이제 가만히 눈을 감고 소수 음악에 귀를 기울여 보자. 이 감미로운 선율이 수학자들을 포로로 만드는 불가사의하고 농염하며 황홀한 우주의 선율이다.

4장

매혹적인 숫자,
소수의 세계

소수는 무한대로 존재하는 수 중에서 가장 기본적인 숫자다. 사람들은 소수를 '숫자 중의 숫자'라고 부른다. 요즘 '수학을 포기한 사람'이라는 뜻의 '수포자'라는 말이 유행인데, 그만큼 학창시절에 수학과 담을 쌓고 산 사람이 많다는 의미이지 않을까. 이른바 '수포자'들은 수학이라는 단어만 들어도 머리를 절레절레 흔들 정도로 질색을 한다. 그들은 학교를 졸업한 뒤 수학을 접할 일이 없어 속이 다 시원하다고 얘기하기도 한다. 이번 장에서 나는 수학을 좋아하는 사람은 물론이고 수학을 싫어하는 사람도 빠져들 만큼 매력적인 소수의 정체와 본질,

특성을 소개하고자 한다. 좋아하는 연예인의 화장하지 않은 풋풋한 민얼굴을 훔쳐본다는 생각으로 소수를 접하다 보면 수학을 싫어하는 마음이 거짓말처럼 사라질지도 모른다.

어느 순간, 여러분은 소수에게 이렇게 묻고 싶어질 수도 있다.

"근데, 너는 정말로 누구니?"

자, 이제 어느 학교 앞에서나 볼 수 있는 문방구 이야기부터 시작해 보자.

소수로 길이를 재는 자가 있다고?

지금 일본에서는 독특한 '자'가 특별한 관심을 끌고 있다. 그것은 '소수자'로, 교토대학교 학생협동조합에서 판매하는 인기 상품이다. 이 자는 어떻게 인기를 끌게 되었을까? 처음에는 인터넷과 트위터에 '교토대에 가면 재미있는 자를 판다'는 글이 간간이 올라오는 정도였다. 그러다가 그 자는 보통 자와 어떻게 다른지, 또 구체적으로 어디에 어떻게 사용되는지 그 쓰임

그림 5 • 교토대학교 학생협동조합에서 폭발적인 매출을 기록한 소수자

새에 관한 문의가 끊이지 않으며 사람들의 관심이 더욱 집중되었다.

교토대 '소수자'의 인기 비결은 독특한 '쓰임새'에 있다. 일반적인 자는 1센티미터, 2센티미터, 3센티미터, 4센티미터 하는 식으로 자연수가 눈금으로 나열되어 있다. 그런데 교토대의 소수자는 이름 그대로 눈금에 2, 3, 5, 7, 11 다음이 13, 17로, 딱 일곱 개의 소수만 적혀 있다. 길이는 18센티미터로, 밀리미터 눈금도 소수로 179밀리미터까지 표시되어 있다.

2센티미터나 3센티미터를 잴 때는 그대로 눈금을 사용하면 된다. 눈금에 없는 수를 잴 때는 어떻게 해야 할까? 다음과 같이 하면 된다. 예를 들어 1센티미터를 잴 때는 2 눈금과 3 눈금의 차이를 활용한다. 4센티미터를 잴 때는 7 눈금과 11 눈금의 차이를 활용하면 된다. 이처럼 자

신이 재고 싶은 수가 눈금에 없을 때는 어느 소수와 소수 사이를 재면 좋을지 이리저리 궁리도 하고 큰 소수에서 작은 소수를 빼며 계산해야 한다.

여기서 한 가지 궁금증이 떠오른다. 위에 언급한 대로, 교토대 소수자는 18센티미터까지 잴 수 있는 도구이므로 이 자로는 그 이하의 길이밖에 잴 수 없다. 그런데 만약 무한한 길이(크기)의 소수자가 존재한다면 그 자로 모든 수를 잴 수 있을까? 말하자면, '모든 자연수는 소수의 차이로 나타낼 수 있는가?'라는 가설을 세워 볼 수 있는 셈이다.

1부터 순서대로 계산해 보면 24센티미터까지 문제없이 잴 수 있다.(그림 6) 그런데 사실 25센티미터는 두 소수의 뺄셈만으로는 잴 수 없다. 25는 29 빼기 4지만, 이 4는 소수가 아니기 때문이다.

수학의 세계에는 다음의 두 가지 가설이 존재한다. 첫째, 두 개의 소수를 더하면 4 이상의 짝수를 나타낼 수 있다. 둘째, 세 개의 소수를 더하면 7 이상의 홀수를 나타낼 수 있다. 실제로 25=7+7+11로, 25라는 홀수는 세 개의 소수로 나타낼 수 있다. 이 가설을 '골드바흐의 추측

그림 6 • 소수자로 길이 재는 법

재는 길이	사용하는 눈금	재는 길이	사용하는 눈금
1cm	3−2	13cm	13
2cm	2	14cm	17−3
3cm	3	15cm	17−2
4cm	7−3	16cm	19−3
5cm	5	17cm	17
6cm	13−7	18cm	23−5
7cm	7	19cm	19
8cm	11−3	20cm	23−3
9cm	11−2	21cm	23−2
10cm	13−3	22cm	29−7
11cm	11	23cm	23
12cm	17−5	24cm	29−5

(Goldbach's conjecture)'이라고 부르는데, 아직 제대로 증명되지는 않았다. 또한 안타깝게도 소수자처럼 소수끼리의 뺄셈으로 모든 자연수를 나타낼 수 있을지 없을지도 아직 증명되지 않았다. 이렇듯 소수자를 잠깐 만지작거리기만

해도 소수를 둘러싼 불가사의한 숫자의 세계를 조금이나마 엿볼 수 있다.

다양한 수를 만드는 궁극의 단위, 소수

지금까지의 이야기에서 그동안 잊고 살았던 자연수니 소수니 하는 용어가 연거푸 튀어나와 심장박동이 빨라지고 식은땀이 흐르기 시작한 독자가 있을지 모르겠다. 이쯤에서 준비운동 삼아 슬슬 학창시절 배웠던 수의 종류를 분리하고 차근차근 정리해 보자.

아이들이 유치원이나 학교에서 제일 먼저 배우는 수는 자연수다. 1, 2, 3, 4, 5, 6으로 늘어나고 무한히 이어진다. 우리 인간이 자연스럽게 인식할 수 있는 수라서 '자연수'라고 부른다. 아이들이 손가락을 꼽아 가며 하나, 둘, 셋을 헤아리며 셈하는 모습을 자주 볼 수 있다. 이렇듯 아이들도 자연스럽게 인식할 수 있는 자연스러운 숫자라는 의미에서 붙여진 이름인 셈이다.

이 자연수는 2, 4, 6, 8, 10과 같이 2로 나눌 수 있는 짝수와 1, 3, 5, 7, 9와 같이 2로 나눌 수 없는 홀수로 나누어진다. 영어로 짝수는 even, 홀수는 odd라고 부른다. 스포츠 경기에서 가끔 듣게 되는 even은 '비교했을 때 같다', 즉 '비겼다'는 의미로 사용된다. 따라서 짝수는 2로 나누었을 때 두 무더기가 같은 높이가 되는 이미지를 상상하면 이해하기 쉽다. 한편 홀수는 2로 나누어도 딱 떨어지지 않고 우수리가 남는다. 홀수를 의미하는 odd라는 단어에는 '이상한'이라는 뜻도 있어 홀수의 불안정한 특성을 잘 보여 준다.

그런데 자연수를 주의 깊게 들여다보면 홀수 중에서 약간 색다른 숫자가 눈에 들어온다. 예를 들어, 9는 홀수지만 3으로 나눌 수 있다. 3으로 나눈다는 말은, 다시 말해 9=3×3과 같이 그 수를 '분해할 수 있다'는 의미이기도 하다.

그러나 5라는 수는 5=○×○의 형태로는 분해할 수 없다. 그 수 자체로 어떤 의미에서는 하나의 완결된 단위, 즉 궁극의 단위인 셈이다. 자연수 중에서도 특수한 존재

그림 7 • 100 이하의 소수

1	2	3	4	5	6	7	8	9	10
11	12	13	14	15	16	17	18	19	20
21	22	23	24	25	26	27	28	29	30
31	32	33	34	35	36	37	38	39	40
41	42	43	44	45	46	47	48	49	50
51	52	53	54	55	56	57	58	59	60
61	62	63	64	65	66	67	68	69	70
71	72	73	74	75	76	77	78	79	80
81	82	83	84	85	86	87	88	89	90
91	92	93	94	95	96	97	98	99	100

이며 수의 궁극의 단위가 바로 소수다.

먼 옛날 고대 그리스 철학자인 데모크리토스는 '그 이상 분해할 수 없는 것'이라는 의미의 원자(atom)가 다양한 물질을 만드는 궁극의 단위라고 추정했다. 마찬가지로 소수는 다양한 수를 만드는 궁극의 단위다.

'최대 소수'를 증명하는 일에 일생을 바친 수학자들

자, 다시 100 이하의 소수를 살펴보자.(그림 7) 100 이하의 숫자 중에서 총 25개가 소수다. 소수가 나타나는 일정한 법칙이 있을까? 소수표를 보면서 그런 법칙이 있는지 곰곰이 생각해 보자. 예컨대, 2씩 커지는 숫자가 소수라고 가정해 보는 건 어떨까. 3 다음에 오는 소수가 5이므로 둘의 차이는 2다. 5 다음에 오는 소수는 2를 더해 7, 역시 둘의 차이는 2다. 그럼 7 다음에 오는 소수는 9일까? 안타깝지만, 9가 아니다. 9를 건너뛰고, 9에 2를 더한 11이 소수다.

사실 소수가 나타나는 '완전한 법칙'은 존재하지 않는다. 적어도 지금까지는 그렇다. 고대부터 현대에 이르기까지 수학자들은 소수의 법칙을 찾아내려고 무던히도 애써 왔다. 그러나 '지금까지 밝혀진 가장 큰 소수 다음에 오는 소수는 무엇인가?'라고 물으면 이 질문에 명쾌하게 대답할 수 있는 사람은 이 세상에 존재하지 않는다. 이 부분을 특히 주목해서 살펴보아야 한다. 얼핏 단순해 보이지만 까다로운 숫자인 소수의 성질이 바로 여기에 숨어 있기 때문이다.

참고로 지금까지(2015년 1월 기준) 인류가 발견한 최대 소수는 '2의 5,788만 5,161제곱에서 1을 뺀 수'다. 일반적으로 우리가 아는 숫자로 쓰면 이것은 1,742만 5,170자리의 숫자가 된다. 이 책의 한 페이지를 꽉 채우는 숫자가 518자리이니, 최대 소수로 알려진 이 소수가 얼마나 큰 숫자인지 대략이나마 짐작이 갈 것이다.

역사적으로 '당대의 최대 소수'를 발견한 사람이 누구인지 알려지지 않은 경우도 있다. 위에 소개한 '2의 어쩌고 저쩌고 제곱에서 1을 뺀 수'라는 소수는 프랑스 신학자이자 수학자인 마랭 메르센이 발견한 소수를 만드는 방법에 의해 밝혀진 숫자다. 이후 최대 소수에 관한 연구는 메르센의 방법을 중심으로 전개되었다.

같은 프랑스 출신 수학자인 에두아르 뤼카(François Édouard Anatole Lucas, 1842~1891)는 열다섯 살 때 '2의 127제곱 빼기 1'이 소수인지 아닌지를 증명하기 위해 손 계산 연구에 몰두하기 시작했다. 19년이라는 오랜 세월을 쏟

아부은 후 마침내 그는 가까스로 그 수가 소수임을 증명해 냈다. 그것은 39자리의 170141183460469231731687303715884105727이라는 숫자였다. 이 수는 그 후 76년 동안 '인류가 발견한 최대 소수'의 자리를 굳건히 지켰다. 데릭 헨리 레머(Derrick Henry Lehmer)는 뤼카의 '소수 판정법'을 개량하고 발전시켜 '뤼카-레머 소수 판정법'을 완성했으며, 이후 이는 소수 판정의 표준 잣대로 사용되었다. 그 후 컴퓨터가 등장하면서 이 방법은 더욱 정교하고 세련되게 다듬어지고 완성도를 높여 갔다.

6,561이 소수인지 아닌지 3초 만에 파악하는 방법

자, 여기서 간단한 문제를 풀어 보자.

[문제]

'841'이라는 숫자가 있다. 841은 홀수다. 그렇다면 이 숫자는 소수일까?

'소수'라고 답했다면, 땡! 왜냐하면 841은 29×29로 분해할 수 있기 때문이다. 대충 보고 어림짐작으로 소수인지 아닌지 판별하려고 하면 841의 경우처럼 틀린 답을 내놓게 되기에 십상이다. 그러나 여기에도 적중률을 높일 수 있는 나름의 요령은 있다.

먼저, 짝수는 기본적으로 2를 제외하고는 소수가 아니므로 제외된다. 다음으로, 홀수를 소수와 어떻게 구분할지가 문제다. 예를 들어 6,561이라는 수는 소수일까? 얼핏 까다로운 문제처럼 보이지만, 이 문제 때문에 머리카락을 쥐어뜯을 필요는 없다. 단번에 답을 알 방법이 있으니까! 그게 뭐냐고? 각 자리의 숫자를 모두 더해 보는 거다. 즉, 6+5+6+1=18이 된다. 여기서 나온 숫자 18은 3의 배수다. 그러므로 6,561이라는 수에는 '3으로 나머지 없이 나누어떨어진다'는 법칙이 적용된다. 각 자리의 수를 더했을 때 9의 배수가 나오면 그 역시 마찬가지로 9로 나머지 없이 나누어떨어진다. 1의 자리가 0이나 5라면 5의 배수가 된다.

위에 설명한 방법은 입시 수학에서도 가르치는 내용이

다. 그러나 7의 배수를 판별하는 방법은 입시 수학에서는 별로 쓸모가 없다. 예를 들어 7756144935가 7의 배수인지 아닌지를 답하라는 문제가 주어졌다고 해 보자. 이때 먼저 7,756,144,935식으로 세 자리씩 쉼표를 넣어 끊으면서 이 숫자를 적어 보자. 그리고 각 덩어리를 한 덩어리씩 띄워서 더한다.

756+935=1,691

7+144=151

다음으로, 둘의 차이를 계산한다.

1691−151=1,540

이 1,540을 7로 나누면 답은 220으로 나머지 없이 깔끔하게 나누어떨어진다. 따라서 7756144935는 7의 배수임을 알 수 있다. 과정도 제법 복잡하고 계산하는 데도 상당한 시간이 걸린다. 그런 터라, 풀이 시간이 제한된 입시 수학에서는 3과 9의 배수를 구별하는 방법만 가르쳐도 충분하다. 7의 배수를 판별하는 방법을 활용하여 문제를 풀 경우 시간이 너무 오래 걸려서 설령 푼다 해도 점수를 높이는 데 오히려 장애가 될 가능성이 크므로 별 의미가 없는 셈이다.

이처럼 배수를 판정하는 데에는 여러 가지 방법이 사용된다. 그런데 앞에서 살펴본 841의 경우 8과 4와 1을 더해도 13이 되므로, 여기서 소개한 방법으로는 판별할 수 없다. 역시 큰 소수 판정은 컴퓨터에 맡기는 게 현명한 모양이다.

수학을 잘하는 사람은 1~100까지의 숫자 중 소수인 25개의 숫자를 줄줄이 암기한다. 그런 걸 알고 있다고 해서 인생을 살아가는 데 얼마나 큰 도움이 되겠느냐고 투덜대는 사람도 있겠지만, 그렇지 않다. 알아두면 나름대로 피가 되고 살이 된다. 예를 들어, 소수를 암기하고 있으면 841과 같은 숫자를 어떻게 분해해야 할지 단박에 알 수 있으므로 무척 편리하다. 841은 제법 커 보이지만, 그 루트(두 번 곱하면 841이 되는 방정식의 답)는 29다. 29가 소수라는 걸 알고 있으면, 841이 나왔을 때 29×29라는 것도 쉽게 파악할 수 있다. 예를 들어, 100 이하의 소수를 외워 두면 100×100=10,000 이하 수의 소인수분해 정도는 식은 죽 먹기다. 그러므로 소수에 흥미가 있는 사람이라면 우선 100 이하의 소수부터 차근차근 암기해 보라고 권해 주고 싶다.

어느 정도 자리의 범위라면 소수를 찾는 효과적인 방법이 있지만, 숫자 크기가 훨씬 커져서 자릿수가 대폭 늘어나면 엄두가 나지 않는다. 일반인들이 쩔쩔매는 어려운 문제일수록 더욱 열정을 불태우며 덤벼드는 게 수학자들이다. 수학자들은 일반인의 입장에서는 보기만 해도 골치가 아픈 숫자를 발견하면 두 눈을 빛내며 그 수가 소수인지 아닌지 판정하는 방법을 찾기 위해 골몰한다. 그러나 아무리 뛰어난 수학자도 소수인지 아닌지를 판별하지 못하는 숫자는 무수히 많다. 모든 숫자에 적용할 수 있는 만능 법칙은 존재하지 않기 때문이다. 그러므로 각각의 경우에 맞는 방법을 찾아낼 수밖에 없다. 이렇듯 발칙하리만치 도발적인 예측 불가능성이 소수의 재미이며, 동시에 수학자들이 머리를 쥐어뜯게 만드는 소수의 까다로운 성질이다.

유리수와 무리수, 혹은 유비수와 무비수

앞에서 자연수는 사물을 셀 때 사용하는 수이며, 자연수는 다시 짝수와 홀수로 나눌 수 있다고 얘기했다. 그리고 홀수는 소수인 수와 소수가 아닌 수로 이루어져 있다는 점도 이야기했다. 자연수, 짝수와 홀수, 소수와 소수가 아닌 수……. 이게 숫자 전부일까? 아니다. 이 밖에도 숫자를 이루는 요소는 많다. 우선 신비한 숫자 0이 있고, 마이너스 숫자들이 있다. 그리고 우리는 분수와 소수점도 사용한다.

이런 수들을 어떻게 정리해야 할까? 이런 수는 자연수와는 확연히 달라 아직 수의 개념이 명확히 잡히지 않은 아이들은 이해하기가 쉽지 않다. 게다가 어딘지 모르게 '부자연스러운' 느낌도 있다. 예컨대, 타잔처럼 정글에서 태어나 동물들과 함께 자란 아이가 있다면 자연수 개념은 힘들이지 않고 이해할 수 있을 것이다. 그러나 그 밖의 다른 수 개념은 이해하기가 쉽지 않다. 예를 들어, 3분의 2라는 분수를 이해하려면 자연수인 2와 3의 비(比) 개념을 명확히 이해할 필요가 있다.

'비'는 '비교한다'는 뜻이다. 즉, 2:3이라는 식으로 2와 3의 크기를 비교하는 개념이다. 또한, 흔히 소수점으로 표기하는 소수(小數: 0보다 크고 1보다 작은 실수. 0 다음에 점을 찍어 나타낸다._옮긴이)는 0.666666……과 같이 3분의 2의 나눗셈을 실행한 숫자를 말한다(시험 삼아 2÷3을 계산해 보자).

분수와 소수의 관계도 중요하다. 소수로 나타낼 수 있는 수에는 두 종류가 있다. 하나는 분수 형태로 바꿀 수 있는 수이고, 다른 하나는 분수 형태로 바꿀 수 없는 수다. 예를 들어 0.25는 100분의 25로 바꿀 수 있다. 이 수의 분자, 분모를 모두 5로 나누면 최종 수는 4분의 1이 된다. 즉, 0.25는 분수의 형태로 나타낼 수 있다.

분수의 형태로 나타낼 수 있다는 말은, 요컨대 1:4 또는 25:100과 같이 비의 형태로 표기할 수 있다는 말이다. 이 수를 '비가 있는 수'라고 해서 '유비수'라고 부른다. 이 용어가 귀에 익지 않은 독자도 많을 것이다. 그도 그럴 것이, 이 용어는 내가 만들어 낸 말이기 때문이다. 그렇다. '유비수'는 엉터리 용어다. 학교에서는 '유비수'가 아닌 '유리수'라고 가르친다.

아무튼, 유비수를 영어로 번역하면 'rational number'다. 여기에서 rational이라는 단어는 무슨 뜻일까? 사전을 찾아보면, 첫 번째 정의에 '합리적'이라는 뜻이 실려 있다. 그리고 '비의 형태로도 나타낼 수 있다'라는 의미도 나온다. 마땅히 후자의 의미로 이해해야 하지만 누군가가 rational number를 번역하면서 제멋대로 '합리적'이라는 뜻을 부여해 버렸다. 이는 사실 오역에 가깝다.

학교에서는 '유리수'와 함께 '무리수'라는 용어를 가르친다. 무리수란 비의 형태로 나타낼 수 없는 소수점 이하의 수가 무한히 이어지는 숫자로, 나는 이것을 '무비수'라고 부른다.

'무비수'의 역사는 오래되었다. 고대 그리스의 피타고라스는 사각형의 대각선과 변의 길이가 정수의 비가 되지 않는다는 사실을 깨달았다고 한다. 물론 원의 지름과 원주율의 관계(원주율 π)도 정수가 아니긴 하다. 사각형과 원처럼 기하학의 기본적 도형에도 무비수가 숨어 있다.

그런데 소수점 이하가 무한히 계속되어도 예외적으

로 비의 형태로 나타낼 수 있는 경우도 있다. 예를 들어 0.333333333……과 같이 3이 영원히 이어지는 숫자(순환소수)는 3분의 1로 나타낼 수 있다. 내 말이 믿기지 않으면 1을 3으로 나누어 보라. 종이 몇 장을 써서 가득 채워 가며 계산해도 끝나지 않을 것이다. 이처럼 소수점 이하가 무한히 이어지는 수라도 유비수가 될 수 있다.

소수점 이하의 수가 무한히 이어지는 수는 유비수일까, 무비수일까? 그것이 알고 싶다. 그런 경우에는 '반복되는 패턴'이 있는지 없는지 확인해 가며 판별할 수 있다. 예컨대, 0.321321……과 같이 '321'이 반복되는 경우는 예외 없이 유비수다.

반복되는 패턴이 없는 비순환소수를 암기하는 방법

문제는 아무리 눈을 부릅뜨고 살펴보아도 반복되는 패턴이 전혀 없는 무비수다. 학교에서 가르치는 전형적인 무비수는 $\sqrt{2}$, $\sqrt{3}$으로, 분수 형태로 나타낼 수 없는 수다. $\sqrt{2}$는 1.41421356237……이라는 수로 풀어쓸 수 있는데, 무한히 이어지는 이 수에는 반복되는 패턴이 없다.(비순환소수) 학교에서는 나름대로 운율을 붙여 암기하는 방법을 가르치지만, 패턴이 없으므로 외우는 데도 한계가 있다.

참고로 $\sqrt{\ }$라는 기호는 '제곱근'을 의미한다. 제곱은 '자신을 두 번 곱한 수'라는 뜻이다. 근(根)은 '풀이'나 '답'이라는 의미다. 다시 말해, $\sqrt{2}$는 자신을 두 번 곱하면 2가 되는 방정식의 답이라는 뜻이다. 이렇게 말로 풀어서 설명하면 도리어 복잡해 보이지만, '자신'을 'x'라고 적고, $x^2=2$라는 방정식의 답의 하나가 $\sqrt{2}$라고 생각하면 그리 어렵지 않게 이해할 수 있다. 학교에서는 이 $\sqrt{2}$를 1.41 어쩌고로 암기하도록 가르치니, 대략 1.4쯤이라고 생각해도 무방하다. 다만 엄밀하게 두 번 곱해서 2가 되려면 1.414……의 '……' 부분을 무한히 늘어놓아야 한다. 무한히 이어지는 소수, 게다가 패턴이 없어 분수(비)의 형태로 표기할 수 없다. 이처럼 $\sqrt{2}$는 알고 보면 굉장히 까다로운 수다.

여담 삼아 덧붙이자면, 제곱근은 영어로 루트(root)라고 부른다. 루트는 식물의 뿌리라는 뜻으로 머리카락, 치아, 손톱, 혀의 뿌리라는 뜻도 가지고 있다. 이렇게 사전만 찾아도 쉽게 알 수 있는 용어의 뜻부터 풀어나가면 까다로운 수학 개념에 대한 막연한 두려움과 거부감도 조금씩 사라질 것이다.

0과 마이너스 발견이 인류 역사상 가장 중요한 발견 중 하나인 이유

이처럼 수는 관점에 따라 다양하게 분류할 수 있다. 그중에서도 특히 이색적인 수가 있는데, 바로 0이라는 숫자다. '0은 자연수일까?'

고개를 갸웃거리게 만드는 질문이다. 인간은 사물을 셀 때 1개부터 시작한다. 일반적으로 0은 자연수에 포함되지 않는다. 1개도 없는 상태도 수로 표시할 수 있다는 사실을 깨달은 그 순간은 인류 역사상 가장 중요한 발견의 시간 중 하나라고 말해도 지나치지 않다.

숫자를 Ⅰ, Ⅱ, Ⅲ과 같이 표기할 때 곰곰이 생각해 보면 0의 개념이 없다. 한자로 숫자를 쓸 때는 영(零)이라는 글자가 있지만, 한자 숫자를 표기할 때 사용하는 ○은 편의상의 기호일 뿐이다. 고대 중국인들은 기호로서의 0의 개념을 이해했다고 한다. 그런 터라, 0을 발견한 나라는 중국이라고 주장하는 사람도 있다. 그러나 기호로서의 0과 수로서의 0은 별개라고 생각하는 것이 맞다. 기호로서의 0은 단순히 '수가 아니'라는 뜻이다. 반면 수로서의 0은 '0도 수의 일종'이라는 개념으로, 계산에 포함된다. 둘 사이에는 발상의 비약이 존재한다.

이 수로서의 0을 맨 처음 발견한 사람이 누구인지는 정확히 알려지지 않았다. 다만 그가 인도 사람일 것이라는 주장에는 동의하는 사람이 많다.

7세기 인도 수학자인 브라마굽타(Brahmagupta)의 천문학 서적인 『브라마시단타』(Brahmasiddhanta, 기원전 628년)에는 수학을 다루는 장이 있다. 좀 더 구체적으로, 그 책의 18장에서는 0을 대상으로 하는 연산 규칙이 체계적으로 서술되어 있다.(데라시타 히로코, 『제로의 기원과 그 발견』, 도야마수학 교육학 연구,

Vol. 4, 2004년, pp. 81~90)

다만 이 천문학 서적에서도 0으로 나누는 계산을 완전히 이해하지는 못했던 것으로 보인다. 우리 역시 마찬가지다. 누구나 한 번쯤 학교에서 수학 시간에 '0으로 나누면 안 돼!'라고 선생님께 지적을 듣곤 하지 않았는가. 0을 포함한 계산은 역시 머리를 지끈거리게 하는 법이다. 인류가 고심 끝에 발견한 '수로서의 0'이라는 개념은 정수에 포함된다. 정수는 0, 그리고 1, 2, 3……과 같은 양의 정수와 −1, −2, −3……과 같은 음의 정수로 분류할 수 있다.

사실 이 '마이너스'도 일상적으로 다루기는 쉽지 않은 개념이다. 예를 들어 '적자(赤字)'라는 개념을 아이들에게 가르치려고 하면 눈에 보이지 않으므로 애를 먹곤 한다. 참고로, 마이너스 수의 계산 법칙을 맨 처음 기록으로 남긴 사람 역시 인도 수학자 브라마굽타라고 한다.

인도의 수학 전통은 현재까지 꾸준히 이어지고 있다. 오늘날에도 인도에는 수학 천재가 많아 세계 각국으로 IT 기술 인력을 내보내고 있다. 0과 마이너스의 기원인 나라

인도, 과연 진정한 수학 강국다운 면모다.

0과 마이너스는 고도의 개념이다. 이는 수학을 다루는 인류의 추상적 능력이 단숨에 확장되었다는 증거이기도 하다. 이처럼 자연수에서 시작해, 인류는 열심히 머리를 굴려 수의 종류를 차츰 늘려 왔다. 수를 늘리면 그때까지 나타낼 수 없었던 현상을 표현할 수 있게 된다.

데카르트도 부정했던 숫자 '허수'가 우주를 이해하는 데 꼭 필요한 개념이라고?

인류는 계산 과정에 '기존의 수로는 계산할 수 없는 수'가 튀어나올 때마다 새로운 수를 발명하거나 발견했다. 0과 마이너스 개념만 해도 필요 때문에 발명되고 발견되었다. 이렇듯 수의 세계는 나날이 확장해 간다.

우리가 학교에서 배우는 숫자 중에 아직 등장하지 않은 수가 있다. 바로 '허수'다. 허수는 영어로 'imaginary number'라고 하는데, 수식 상에서는 'i'로 표기한다.

imaginary라는 단어로 알 수 있듯, 허수는 '상상의 수'라는 뜻이다. 허수의 개념을 파악하려면 지금까지 살펴본 그 어떤 수를 이해할 때보다도 훨씬 더 열심히 머리를 굴려야 한다.

허수의 계산 법칙을 맨 처음 기록으로 남긴 사람은 이탈리아의 라파엘 봄벨리(Rafael Bombelli, 1526~1572년경)라고 알려져 있다. 1572년의 일이었다.

그러나 철학자이자 수학자였던 데카르트는 자신의 저서 『기하학』에서 허수를 '상상의 수'라고 부정적으로 기술했다. 데카르트의 그 말에서 오늘날의 '허수'라는 이름이 비롯되었다고 한다.

일반적인 수는 −1과 −1을 곱하면 +1, 1과 1을 곱해도 1이 되듯, 제곱은 반드시 플러스가 된다. 그러나 방정식을 푸는 과정에 제곱하면 마이너스가 되는 수가 필요해지고, 거기서 '허수' 개념이 도출되었다. 예를 들어, $x^2=1$이라는 식이 있을 때 1과 −1이라는 플러스와 마이너스 양쪽의 수가 2차 방정식을 푸는 도중에 나온다. 만약 한쪽이 1이 아닌 −1이라면 제곱근은 마이너스가 된다. 그 까

그림 8 • 수의 종류

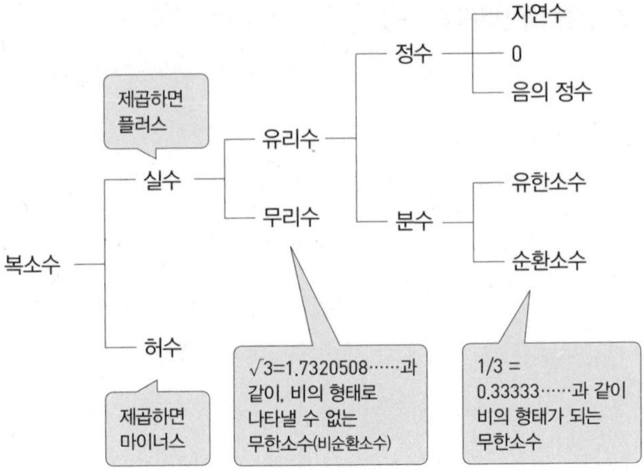

다로운 문제를 풀려면 허수의 개념이 필요하다. 사실 고등학교 과정에서는 배우지 않지만 3차 방정식 풀이 공식에도 허수가 나온다.

우주의 크기를 측정하거나 빛의 파장을 측정하려면 반드시 복잡한 방정식이 필요하다. 그때를 위해 살짝 상식에서 벗어난 수를 도입했다는 정도로 이해하고 넘어가자.(그림 8)

수가 '우주'라면
소수는 '소립자'다

'지금까지 나름대로 열심히 설명을 따라오려고 노력했지만, 허수라는 개념은 수학과 담을 쌓고 살았던 나 같은 수포자에게는 도저히 무리다' 혹은 '상상하기조차 힘든 개념이다'라며 책장을 덮고 책을 집어 던지려는 독자가 나타날 때가 되었다.

그러나 아직 포기하기에는 이르다. 조금만 더 참아보자. 우리가 마이너스 숫자에 거부감이 들지 않는 까닭은 무엇일까? 마이너스 숫자의 개념과 느낌을 체득하고 있기 때문이다. 우리는 마이너스 수를 이미 몸으로 느끼며 산다. 그에 비교해 확실히 허수는 마이너스나 분수와 달리 이해하기 힘든 개념이다.

솔직히 나는 허수를 명쾌하게 설명할 재능이 없다. 수의 개념이 넓어질수록 '사과 한 개'와 같이 구체적인 이미지에서 멀어져 점점 추상적인 세계로 나아가기 때문이다. 비유하자면, 형사소송법에 나오는 법률용어처럼 분명 우리말인데도 외계어처럼 느껴지는 용어처럼 말이다. 추상적인 개념을 직감으로 파악할 수는 없다. 추상적인 개념을 감각으로 파악하는 것은 뜬구름을 잡으려는 것과 비슷한 일이다. 계산하며 실제로 사용해 보아야 그 존재를 어렴풋이나마 느낄 수 있다.

수학을 일상적으로 연구하고 다루는 사람에게 허수는 자연스러운 개념이다. 마치 자전거를 타듯 그야말로 몸으로 익힌 개념이다. 그런 터라, 그들은 '허수'라는 용어에 별로 거부감을 느끼지 않는다. 물리학자도 마찬가지다. 원자 역학이라는 학문은 우주의 근본 법칙 중 하나로 인정받는데, 그 방정식에도 반드시 허수가 등장한다. 물리학자에게 허수가 존재하지 않으면 우주 전체를 기술하는 방정식을 적을 수 없게 되고, 더 나아가 우주가 존재하지 않는 엄청난 결과에 이른다.

참고로, 실수와 허수를 조합한 수를 '복소수'라 부른다. $a+bi$라는 형태로 표기하며, 앞부분이 실수이고 뒷부분이 허수로 이루어져 있다. 이 복소수를 그래프용지에 그릴 수 있다. x를 실수의 축, y를 허수의 축으로 가정하면 x좌표가 a, y좌표가 b인 점이 $a+bi$를 나타낸다. 어쨌든 그것이 분수이고, 제곱근이며, 허수다.

수학을 연구하는 사람들에게 수의 확장은 모두 머리가 아닌 몸으로 익히는 개념이다. 그러므로 일반인과는 달리 그들에게 수의 여러 개념은 일상적이고 친숙하게 느껴진다. 수학을 잘하고 싶다면, 더 나아가 수학을 즐기는 경지에 이르고 싶다면 수학자들처럼 머리로 이해하려고 하지 말고 몸으로 느껴야 한다.

지금까지 수의 세계를 대략적이나마 살펴보았다. 그중에서도 소수는 수학자는 말할 것도 없고 일반인에게도 매우 특별한 존재다. 소수는 '수'의 '바탕(素)'이므로 다른 모든 수가 소수에서 시작되어 가지를 뻗어 나간다고 할 수 있다. 책 앞머리에 소개했던 교토대학교의 소수자도 이와 같은 개념과 사고가 바탕에 깔린 재미난 상품이다. 예를 들어 보자. 25는 소수자에 눈금이 없으므로 잴 수 없지만, 소수인 7과 7과 11로 조합하여 잴 수 있다. 그런 식으로 소수를 활용하여 다양한 자연수를 나타낼 수 있는 셈이다.

수의 계층으로 생각하면 제일 먼저 소수가 있고, 그다

음으로 자연수가 있다. 플러스와 마이너스, 그리고 분수, 루트가 나오는 식으로 수의 세계는 확장된다. 물리학으로 말하자면, 소수는 소립자에 해당한다. 물질을 자꾸자꾸 분해하면 분자에서 원자로 쪼개진다. 원자에서 원자핵과 전자로 나누어지고, 마지막에는 소립자가 남는다.

태초에 소립자가 있었다. 소립자에서 원자가 탄생했고, 분자가 탄생했고, 그다음으로 물질이 탄생했고, 지구가 탄생했고, 우주가 탄생했다. 물리학에서는 이와 같은 계층이 성립된다고 본다.(그림 9)

그림 9 • 수와 우주의 성립 이미지

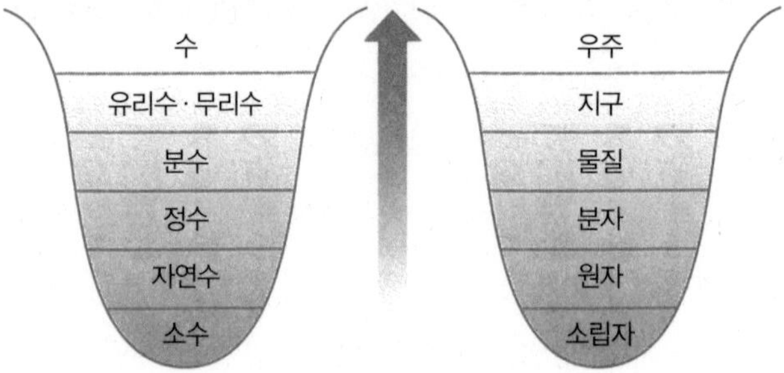

천재 수학자 가우스가 소수에 매혹된 이유

이쯤에서 어느 천재 수학자의 이야기를 해볼까 한다. 그의 이름은 카를 프리드리히 가우스다. 인류 역사상 가장 유명한 수학자 중 한 명이다. 가우스는 독일이 낳은 위대한 수학자이자 천문학자이자 물리학자다.

가우스와 관련된 유명한 일화가 있다. 말썽꾸러기 소년이었던 가우스는 선생님에게 벌로 '1부터 100까지 전부 더하라'는 숙제를 받았다. 한데, 선생님이 숙제를 내주자마자 가우스는 "5,050입니다"라고 망설임 없이 답을 말했다고 한다. 그는 어떻게 1부터 100까지 더한 답을 단 몇 초 만에 맞힐 수 있었을까?

평범한 학생이라면 1+2+3+……과 같은 방식으로 1부터 100까지의 모든 숫자를 일일이 계산하느라 한동안 끙끙거리며 숙제와 씨름했을 것이다. 그러나 가우스는 매우 독창적인 계산 방법으로 순식간에 정답을 찾아냈다. 먼저, 그는 1과 100을 더하면 101이 된다는 사실에 착안했다. 그리고 2+99도, 3+98도 101이 된다. 마찬가지 방법으로 계산을 거듭하다 보면 마지막 남은 50+51쌍도 101이라는 답이 나온다. 즉, 1부터 50까지 같은 패턴이 50번 반복되는 셈이다. 따라서 101×50=5,050으로 순식간에 계산이 끝난다.

될성부른 떡잎이었던 가우스였지만, 희한하게도 그는 평생 단 한 권의 책밖에 남기지 않았다(물론 그가 쓴 논문은 수없이 많이 전해진다). 그것은 바로 『정수론』이라는 책이다. 라틴어로 『Disquisitiones Arithmeticae』라는 제목으로, '산술 연구'라는 표제로 번역되기도 했다. 이렇듯 당시만 해도 학문의 세계는 라틴어나 그리스어로 연구하는 게 일반적인 흐름이었다.

가우스는 1801년, 그의 나이 스물네 살 때 이 책을 출간했다. 그러나 책에 실린 내용은 열일곱 살이던 1795년 무렵부터의 연구 실적으로, 열아홉 살 무렵에 원고를 완성했다는 이야기도 전해진다. 그의 천재성은 이미 십대 시절부터 빛을 발한 것 같다.

"수학은 과학의 여왕이며, 정수론은 수학의 여왕이다."

이는 가우스가 정수론에 관해 언급한 말로, 오늘날까지 사람들 사이에 널리 회자된다. 요컨대 과학을 지배하는 것은 수학이며, 수학을 지배하는 것은 정수론이라는 의미다. 가우스의 말대로, 그가 살던 시대에는 수에 관한 연구가 매우 중시되었다.

수에 관한 연구로 가우스가 발견한 개념에 '산술의 기본 정리'라는 것이 있다. 지금도 우리는 중학교에서 1 이외의 자연수가 반드시 소인수로 분해된다는 이론인 소인수분해를 배운다. 즉, 어떤 정수도 조각조각 쪼개 소수로 곱셈할 수 있다는 뜻이다. 그리고 그 답은 반드시 하나다. 지금 적당히 떠올린 5,673이라는 수는 3으로 나누어 보면 1,891이 되고, 이 1,891을 31로 나누면 61이 된다. 그러므로 5,673=3×31×61이 된다. 그 이외의 분해 방법은 존재하지 않는다. 어떤 수라도 이처럼 소수의 곱셈으로 분해할 수 있는데, 그 분해 방식은 오직 한 가지밖에 없다. 우리는 이를 '산술의 기본 정의'라고 부른다. 그리고 이 답이 하나밖에 정해져 있지 않다는 점을 증명한 사람이 바로 위대한 수학자 가우스다.

『정수론』은 전반과 후반의 짜임새가 다르다. 전반부에서 가우스는 이전 사람들의 연구를 정리하고, 후반부에서는 자신의 새로운 연구를 펼쳐 보이는 방식으로 얼개를 구성했다.

이 책은 출간된 지 6년 후인 1870년에 프랑스어판으로 출간되었다. 하지만 그의 모국어인 독일어로는 그보다 한참 늦은 1889년, 영어로는 1965년에야 출간되었다. 참고로, 일본에서는 미국보다도 30년이나 늦은 1995년에야 출간되었다. 한데, 이 책은 1800년대에 느닷없이 왜 프랑스에서 출간되었을까? 결론부터 말하자면, 당시 프랑스는 수학이 비약적으로 발전한 최고의 수학 선진국이었기 때문이다. 그런 터라, 이탈리아인이지만 프랑스에서 주로 활약한 조제프 루이 라그랑주(Joseph Louis Lagrange)라는 수학자나 프랑스 출신 수학자 아드리앵 마리 르장드르(Adrien Marie Legendre)의 업적과 연구 성과가 가우스의 『정수론』에 고스란히 담겨 있다. 이러한 독특한 배경 덕분에 가우스의 책은 그의 모국어보다도 먼저 프랑스어로 번역되고 출간되었다.

300만 이하의 소수는 모두 몇 개?

이미 아는 독자가 많겠지만, 수학에는 '밀레니엄 문제(Millennium Prize Problems)'라는 것이 있다. 밀레니엄 문제란 100만 달러(약 10억 원)에 달하는 엄청난 액수의 상금을 수여하는 난제 중의 난제를 말한다. 누구든지 이 문제를 푼 사람은 하루아침에 말 그대로 돈방석에 앉게 된다. 지금까지 풀리지 않은 밀레니엄 문제는 모두 여섯 문제다. 본래 일곱 문제였는데, 2002~2003년경 러시아의 위대한 수학자 그리고리 페렐만(Grigori Perelman)이 푸앵카레의 추측을 완벽하게 해결해 버렸기 때문이다.

이 밀레니엄 문제 중 리만 가설이라는 소수에 관한 문제가 있다.(6장 참조) 사실 이 문제와 비슷한 개념을 가장 먼저 고안한 사람은 가우스다. 그에 관한 자세한 내용은 다음 장으로 넘기고, 가우스의 천재성을 이야기하는 일화를 한 편 더 소개하며 이번 장을 마무리하려 한다. 자, 이쯤에서 다시 문제를 풀어 보자.

[문제]

300만 이하의 소수는 모두 몇 개일까?

아이고, 맙소사! 문제만 보아도 입에서 비명이 절로 나온다. 생각만 해도 골치가 아프다. 이런 문제를 보고 정답을 떠올릴 수 있는 사람이 과연 있을까? 있다. 바로 가우스다. 이 엄청난 일을 가우스가 해냈다! 그는 300만 이하의 소수가 몇 개인지 알고 있었다. 정답은 21만 6,745개(실제로는 21만 6,816개지만, 거의 정답에 가깝다). 천재 가우스가 소수에 대해 또 어떤 생각을 했는지 칼럼 4에서 다시 살펴보자.

column 2

소수가 영어로 'prime number'인 이유

사실 '소수'라는 단어 자체가 난해하다. 그도 그럴 것이, 이것은 영어에서 온 말이기 때문이다. '바탕이 되는 수'나 '바탕수' 등으로 풀어쓰면 두려움이 반으로 줄어든다. 영어의 'prime number=소수'에서 어떤 단어와 표현이 파생되었는지 살펴보며, 영어권 사람들이 '소수'에 대해 어떤 이미지를 가졌는지 파헤쳐 보자.

영어권에서 수학자나 이과 계통 사람들 사이에서 prime은 '소수'를 의미하는 어휘로 주로 사용된다. 이 단어는 라틴어의 primus('제일의'라는 의미)에서 비롯되었다. 일반 용어에서 prime은 '주요한', '최고 등급의' 등의 의미로 사용된다. 예를 들어 prime beef라고 하면 '최고 등급의 소고기'라는 뜻으로, 정육점에서 파는 고기 중 제일 등급이 높은 고급육을 가리킨다. 또한, prime suspect는 '제1 용의자'라는 의미가 있다.

영어의 prime은 형용사지만, 명사와 동사로도 활용된다. 명사로는 '전반', '초기'라는 뜻을 가지고 있고, 동사로는 '펌프 등의 작동을 준비하다', '내연기관에 연료를 주입하다', '폭발물에 도화선을 당기다', '총에 화약을 재다' 등의 다양한 뜻을 담고 있다. 말하자면, 어떤 일을 할 때 '제일 먼저 해야 하는 일'이라는 의미인 셈이다. 앞에서 수학자나 이과 계통 사람들에게 prime은 '소수'를 뜻한다고 이야기했다. 그러나 엔지니어링 분야에서는 다른 의미로 사용되는 경우가 많으므로 주의해야 한다.

prime에서 파생된 단어 중에 'primer(입문서)'가 있다. 이는 글자 그대로 '제일 먼저 읽어야 하는 책'이라는 뜻이다. 더불어 이 단어는 '뇌관', '도화선', '시동용 연료 주입장치', 그리고 그림과 벽 등의 '밑칠 도료'라는 의미도 지니고 있다. 요컨대, '가장 먼저 존재하는 것' 또는 '맨 처음 해야 하는 일'이라는 본래 의미에서 시작해 다양한 상황에 적용되는 말로 가지치며 뻗어 나갔다.

다른 파생어로 'primary'가 있다. 영어에서 'primary school'은 초등학교를 의미한다. 지진파의 'p파'는 'primary wave'의 줄임말이다. 지진이 일어난 후 제일 먼저 도달하는 첫 번째 진동이기 때문이다.

점점 영어 단어를 공부하는 느낌이 들 수도 있겠지만, 이렇게 다양한 예를 살펴보는 것이 '소수'의 개념을 잡는 데 도움이 될 것이다. 왜냐하면 영어권 사람들이 prime number라는 단어를 들었을 때 머릿속에 떠오르는 이미지를 어렴풋하게나마 상상해 볼 수 있기 때문이다. prime number는 가장 중요한 수이며, 최고 등급의 수다. 모든 수를 통틀어 최초로 존재하는 수이기도 하다.

'소수'라는 단어를 머릿속에 떠올리며 당신은 그런 이미지를 연상할 수 있는가? 아쉽게도, 언어 장벽에 가로막혀 영어권 사람들이 자동으로 떠올리는 이미지를 떠올릴 수 없다. 많은 나라가 저마다 훌륭한 수학의 전통을 가지고 있지만, 현대 수학은 근대에 서구에서 들어온 외래 문물이라는 점을 부인할 수 없다. 그런 터라, 수학 용어 역시 동양적 문화와 다소 동떨어져 있는 것이 사실이다. 그렇다면 동양에서는 소수를 전혀 다루지 않았을까? 그 점에 대해서는 다음 칼럼에서 좀 더 자세히 언급하고자 한다.

column 3

비트겐슈타인의 강의록에서 '골드바흐의 추측'을 만나다

오래 전에 나는 철학자 루트비히 비트겐슈타인(Ludwig Josef Johann Wittgenstein)의 강의록을 읽다가 '골드바흐의 추측'을 처음 만난 적이 있다. 비트겐슈타인이라고 하면 누구나 한 번쯤 들어보았을 정도로 대단히 유명한 20세기 철학의 거장이다. 한데, 왜 유명 철학자가 쓴 서적에 수학에 관한 이야기가 등장했을까? 조금은 생뚱맞은 전개가 우리의 호기심을 자극한다.

사실 비트겐슈타인은 철학자로 꽃을 피우기 전에는 논리학자(논리학 역시 철학에 속하지만)였다. 한데 논리학은 수학의 기초가 되는 학문 분야이므로 그의 책에 골드바흐의 추측이 등장한다 해도 그리 이상하지 않다. 골드바흐의 추측은 '다양한 짝수는 두 개의 소수의 합으로 표시할 수 있다'라는 가설이다.

위의 정의를 보면 말도 안 된다는 생각이 들 것이다. 그렇다면 맛보기로 몇 가지 문제를 풀어 보자.

2=……

어라? 2는 두 개의 소수의 합으로 나타낼 수 없다! 2는 가장 작은 소수이기 때문이다. 시작부터 막혔다고 짜증 내거나 걱정할 필요가 전혀 없다. 왜냐하면 골드바흐의 추측에는 '2보다 큰 모든 짝수'라는 조건이 붙어 있기 때문이다. 이 조건을 염두에 두고 다시 한 번 도전해 보자.

4=2+2

6=3+3

8=3+5

10=3+7=5+5

10은 두 개의 소수의 합이 두 가지나 있다. 뭐, 그 정도는 상관없겠지? 22의 경우는 그보다 더하다.

22=3+19=5+17=11+11

22는 무려 세 가지나 있으니까. 사실 골드바흐의 추측에는 '적어도 두 개의 소수의 합이 한 번'이라는 조건이 붙어 있다.

2014년 여름을 기준으로, 골드바흐의 추측은 4000000000000000000 (4×10의 18제곱)까지 성립한다는 사실이 증명되었다. 아무리 큰 짝수도 '두 개의 소수의 합으로 표시했다'라고 주장해 봤자 언젠가 더 큰 짝수가 갑자기 튀어나와 예상을 뒤엎을 가능성이 있다. 그러므로 수학자는 골드바흐의 추측을 엄밀하고도 철저하게 증명해야 한다.

1995년 프랑스의 올리비에르 라마레(Olivier Ramaré)는 '모든 짝수를 6개의 소수의 합으로 나타낼 수 있다'는 사실을 증명했다. 하지만 6개가 아닌 2개의 소수의 합으로 나타낼 수 있다는 증명에는 누구도 성공하지 못했다.

그런데 아무리 큰 짝수가 주어지더라도 그 이하의 소수를 전부 시험해 보면 그 짝수가 두 개의 소수의 합으로 나타낼 수 있는지 없는지 계산을 통해 검증할 수 있다. 그러므로 만일 컴퓨터를 사용하여 어떤 큰 짝수를 두 개의 소수의 합으로 '나타낼 수 있다'라는 사실이 판명되면 골드바흐의 추측의 '가설'이 된다(소수도 커지면 계산으로 찾을 필요가 있겠지만……). 가설을 세울 때 필요한 예는 구체적으로 딱 하나만 찾아내면 그것으로 충분하다. 즉 골드바흐의 추측을 '증명'하려면 (컴퓨터를 돌려 밤낮으로 계산하는 경우를 제외하고) 인간 수학자의 번뜩이는 영감이 필요하지만, 골드바흐의 추측을 '반증'하려면 컴퓨터 계산만으로는 힘에 부친다.

대부분의 수학자는 골드바흐의 추측이 옳다고 믿는다. 그러나 때때로 예상치 못한 결말이 깜짝 등장해 뒤통수를 치는 것이 수학의 재미이기도 하다. 골드바흐의 추측이 언제 어떤 형태로 결말이 날지 설레는 마음으로 기다려 보자.

5장

소수 속의 역사
역사 속의 소수

이번 장에서는 먼저 소수가 인류 역사에서 어떻게 등장하고, 또 발전해 왔는지 추적해 보고자 한다. 그런 다음 소수는 어디에 얼마나 존재하는지, 즉 소수의 분포에 대해 생각해 보려고 한다. 좀 더 구체적으로 5장에는 수식이 등장할 것이다. 그러나 겁먹을 필요는 없다. 수학에 자신 없어 하는 사람, 즉 '수포자'도 이해할 수 있도록 아주 쉽고 명쾌하게 설명할 테니 말이다.

이번 장에서 나는 오랫동안 수학과 담을 쌓고 살아온 사람조차 어렵지 않게 이해할 수 있도록 수식의 '의미'를 차근차근

곱씹어 가며 설명할 것이다. 영어 원서에 비유하자면, 알파벳은 나오지만 전부 모국어로 해석이 달린 책과 비슷하다고나 할까. 그냥 수식을 눈으로 보고 즐기며 '감상'한다는 느낌이면 그것으로 충분하다. 글로 풀어 둔 설명을 차분히 읽으며 차곡차곡 머릿속에 담아 두자.

고대 이집트인들도 소수의 개념을 알고 있었다고?

인류가 소수를 의식하기 시작한 시기는 언제일까? 대략 고대 이집트 무렵으로 알려져 있다. 고대 이집트에서는 분수를 나타내는 특수한 방법을 사용했다.

$$\frac{2}{5}=\frac{1}{3}+\frac{1}{15}$$

$$\frac{2}{9}=\frac{1}{6}+\frac{1}{18}$$

고대 이집트인들은 위와 같이 분수를 '몇 분의 1'의 합으로 분해했다. 이 분해 방식은 꽤나 복잡했다. 예를 들어 기원전 1650년 무렵에 집필된 『린드 파피루스(Rhind Papyrus)』에는 원래 분수의 분모가 소수인 경우와 소수가 아닌 경우(합성수라고 한다)에서 분해 방법이 완전히 달라진다. 고대 이집트 수학자들은 어렴풋하게나마 소수와 합성수를 구별했던 모양이다.

소수를 한결 더 진지하게 연구하기 시작한 사람들은 고대 그리스인들이었다. 유클리드 원론에서는 소수가 무한히 존재한다는 사실을 증명했다. 기원전 300년경의 일이었다. 또한, 유클리드는 소수가 소인수분해 완료된 숫자라는 사실도 어느 정도 증명해 냈다. 참고로, 유클리드는 기원전 3세기 무렵 이집트의 알렉산드리아에서 활약했던 수학자인 에우클레이데스(Eukleides)의 이름을 영어식으로 읽은 이름이다. 영어에서 수학을 의미하는 'mathematics'는 그리스어 '마테마티카(μαθηματικά: 모름지기 배워야 하는 것)'에서 유래했고, 『유클리드 원론』은 당시 마테마티카의 집대성이었다.

소수가 무한하다는 것을 어떻게 증명할까

그렇다면 소수가 무한히 존재한다는 가설을 당대의 수학자들은 어떻게 증명했을까? 사실 알고 보면 의외로 간단하게 이 사실을 증명할 수 있다.

■ 소수가 무한히 존재한다는 사실 증명

가령, 이 세상에서 가장 큰 소수인 p가 존재한다고 치자. 즉 소수가 2, 3, 5, 7……, p라는 식으로 유한한 개수밖에 없다고 가정해 본다는(증명 마지막에 이 가정은 뒤집히지만) 말이다. 그리고 이 유한한 개수의 소수를 모조리 곱한 다음 1을 더한다.

$$2 \times 3 \times 5 \times 7 \cdots\cdots \times p + 1$$

이 수는 소수가 아닌 합성수다. 왜냐하면 최대 소수 p보다 큰 소수이므로 소수로 볼 수 없기 때문이다. 어쨌든 합성수는 소수를 곱해서 만들어지므로 반드시 어떤 소수로 나누어떨어진다. 하지만 그 수를 2, 3, 5, 7……, p라는 식으로 모든 소수의 순서대로 나눈다면 반드시 1이 남는다. 왜냐하면, $2\times3\times5\times7\cdots\cdots\times p$는 나머지 없이 나누어떨어지지만, 거기에 다시 1을 더했기 때문이다. 다시 말해, 이 수는 어떤 소수로도 나누어떨어지지 않는다. 즉, 이 수는 합성수가 아닌 소수라는 결론에 도달한다. 하지만 그렇게 되면 p보다 큰 소수가 발견된 셈이므로 'p가 최대 소수'라는 최초의 가정과 정확히 모순된다! 최초의 가정이 원인이 되어 치명적인 모순이 발생했으므로 그 가정은 더 이상 성립하지 않는다. 그러므로 소수는 유한한 개수로 존재하지 않는다는 결론이 나온다.

뭐, 대충 이런 식으로 귀류법을 사용해 소수가 무한히 존재한다는 사실을 증명할 수 있다. 여기서 증명 그 자체를 이해하는 과정은 간단하지만, 소수를 모두 곱해서 1을 더한다는 발상 자체가 쉽지 않다. 비단 소수뿐 아니라 수학의 증명은 이처럼 일종의 영감을 필요로 하는 경우가 많다.

'에라토스테네스의 체'에 거르면 소수가 나온다고?

에라토스테네스(BC 276~BC 196년경)라는 그리스 수학자는 어느 수가 소수인지를 판별하기 위해 먼저 2로 나누고, 다시 3으로 나누고……, 이런 식으로 확인하는 방법을 떠올렸다. 이 방법을 '에라토스테네스의 체'라고 부른다. 예를 들어 100까지의 소수를 아는 경우, 100의 제곱근의 10까지 소수 순으로 나누면 그만이다. 10까지의 소수는 2, 3, 5, 7이다. 거기서 먼저 100까지의 수에서 2의 배수를 체로 걸러서 떨어뜨린다. 다음으로 3의 배수도 모조리 체에 쳐서 떨어뜨린다. 5와 7의 배수도 마찬가지로 체에 거른다. 이렇게 열심히 체에 걸러 남은 수가 100까지의 소수다!(그림 10~13)

'뭐야! 말도 안 돼! 어떻게 100까지의 소수를 계산하는데, 10까지의 소수만 사용하지?' '11과 13처럼 10보다 큰 소수로 나누어서 확인할 필요가 없다는 말인가?' 아마 독자 여러분의 머릿속에 이런 궁금증들이 맴돌고 있을 것이다.

구체적인 예를 통해 살펴보자. 예컨대, 89는 정말로 소수일까? 10까지의 소수로 체에 거르기만 해도 충분하지 않을까? 자, 어디 한번 시험해 보자. 89가 소수가 아닌 합성수라고 가정해 보자. 그러면 89는 두 개 이상의 소수의 곱셈으로 만들 수 있다(합성수는 두 개 이상의 소수의 곱셈으로 나오는 수이기 때문이다).

89=P×Q……

이 P와 Q 등의 소수 중 어느 한 수는 반드시 10 이하의 소수다. 어떤 소수도 10보다 크다면 P와 Q도 10보다 크기 때문에, 89가 10×10=100보다 커지기 때문이다.

그렇다면 P와 Q 등의 소수 중 어느 수가 10 이하의 소수'이므로 89라는 수는 10 이하의 소수로 체에 거르는 시점에 체 아래로 떨어진다. 만약 체에 걸러지지 않고 남는다면 89가 합성수가 아닌 소수이기 때문이다! 아무래도 100까지의 소수를 조사하려면 그 제곱근의 10까지의 소수로 체에 거르기만 해도 충분한 모양이다.

그림 10 • 100까지의 소수로 소수를 찾으려면……

1	2	3	4	5	6	7	8	9	10
11	12	13	14	15	16	17	18	19	20
21	22	23	24	25	26	27	28	29	30
31	32	33	34	35	36	37	38	39	40
41	42	43	44	45	46	47	48	49	50
51	52	53	54	55	56	57	58	59	60
61	62	63	64	65	66	67	68	69	70
71	72	73	74	75	76	77	78	79	80
81	82	83	84	85	86	87	88	89	90
91	92	93	94	95	96	97	98	99	100

그림 11 • 먼저 2의 배수를 거른다(1도 소수가 아니므로 여기서 지운다)

–	2	3	–	5	–	7	–	9	–
11	–	13	–	15	–	17	–	19	–
21	–	23	–	25	–	27	–	29	–
31	–	33	–	35	–	37	–	39	–
41	–	43	–	45	–	47	–	49	–
51	–	53	–	55	–	57	–	59	–
61	–	63	–	65	–	67	–	69	–
71	–	73	–	75	–	77	–	79	–
81	–	83	–	85	–	87	–	89	–
91	–	93	–	95	–	97	–	99	–

그림 12 • 3의 배수를 거른다

–	2	3	–	5	–	7	–	–	–
11	–	13	–	–	–	17	–	19	–
–	–	23	–	25	–	–	–	29	–
31	–	–	–	35	–	37	–	–	–
41	–	43	–	–	–	47	–	49	–
–	–	53	–	55	–	–	–	59	–
61	–	–	–	65	–	67	–	–	–
71	–	73	–	–	–	77	–	79	–
–	–	83	–	85	–	–	–	89	–
91	–	–	–	95	–	97	–	–	–

그림 13 • 5의 배수와 7의 배수를 거르면, 남은 수가 소수

–	2	3	–	5	–	7	–	–	–
11	–	13	–	–	–	17	–	19	–
–	–	23	–	–	–	–	–	29	–
31	–	–	–	–	–	37	–	–	–
41	–	43	–	–	–	47	–	–	–
–	–	53	–	–	–	–	–	59	–
61	–	–	–	–	–	67	–	–	–
71	–	73	–	–	–	–	–	79	–
–	–	83	–	–	–	–	–	89	–
	–	–	–	–	–	97	–	–	–

표가 너무 길어져서 미안하지만, 수학 증명이라는 게 대개 이런 식이다. 복잡한 표 때문에 골치가 아픈 독자에게는 다시 한 번 위로의 말씀을 전한다. '100까지의 소수를 구하려면 10까지의 소수를 체에 거르기만 해도 충분하다'라는 명제를 곱씹어 보자. 한 걸음 한 걸음 이 논리를 파고들어 보자. 그렇게 하다 보면 'n까지의 소수를 구하려면 $\sqrt{n}$ 까지의 소수를 체에 거르기만 해도 충분하다'는 명제도 증명할 수 있다. 이로써 수학의 위대함을 새삼 느낄 수 있지 않을까?

레온하르트 오일러와 소수의 관계

자, 여기서 시간을 훌쩍 뛰어넘어 근대로 날아가 보자. 누구나 한 번쯤 이름을 들어보았을 법한 레온하르트 오일러와 소수의 관계에 대해 살펴보자. 오일러 하면, '세계에서 가장 아름다운 수식'이라는 별명으로 더 유명한 '오일러의 공식'을 발견한 인물로 굉장한 유명세를 얻었다.

■ 오일러의 공식 $e^{i\pi}+1=0$

이 식의 왼쪽 항에 있는 e는 네이피어 수(Napier's number)로, e=2.71828 18284 59045 23536 02874 71352…… 이런 식으로 소수점 이하가 무한히 이어진다. 네이피어 수는 '자연로그의 밑'이라고도 부른다. 참고로, '밑'은 '아래'를 뜻하는 단어가 아니라 $\log_e x$의 밑 e를 가리킨다. 영어로는 'base'라 부른다. 말하자면, '자연계의 자릿수'와 같다. 우리는 10, 100, 1000과 같이 10자리로 자릿수를 나타내지만, 자연현상은 10이 아닌 e가 자릿수의 역할을 하는 경우가 많다.

오일러의 공식 왼쪽 항에 나오는 i는 허수 단위에서 제곱하면 −1이 된다. π는 원주율이다. 자연로그의 밑을 허수 단위로 제곱하고, π 제곱하고, 1을 더하면…… 0이 된다. 이 공식에는 수학의 기본적인 정수끼리의 실로 불가사의한 관계성이 나타난다.

오일러는 1748년에 발간한 책에서 '오일러 적분'이라는 공식을 발표했다. 이 책에서 다루는 소수와의 관계에서 오일러 적분은 다음과 같이 나타낼 수 있다.

■ 오일러 적분

$$\frac{1}{1^s}+\frac{1}{2^s}+\frac{1}{3^s}+\cdots\cdots=\left(\frac{1}{1-\frac{1}{2^s}}\right)\left(\frac{1}{1-\frac{1}{3^s}}\right)\left(\frac{1}{1-\frac{1}{5^s}}\right)\cdots\cdots$$

어디 보자. 어라? 왼쪽 항은 덧셈인데 오른쪽 항은 곱셈이라? 한 술 더 떠 왼쪽 항의 분모에는 1^s, 2^s, 3^s……와 같이 자연수가 나타나고, 오른쪽 항에는 2^s, 3^s, 5^s……와 같이 소수가 나타난다. 여기서 s는 변수로 다양한 값을 취할 수 있고, 실수가 아닌 복소수라도 상관없다.

변수 s의 존재로 알 수 있듯, 이는 일종의 함수로 $\zeta(s)$라는 기호로 나타내며 '제타 함수'라고 부른다. 이 제타 함수는 소수와 밀접한 관계가 있어 다음 장에서 주인공으로 모시기로 한다.

자, 그렇다면 이 오일러 적분은 왜 중요할까? 왼쪽 항의 자연수와 오른쪽 항의 소수가 공식으로 같아진다는 점에 주목해야 한다. 즉, 자연수를 알기 위해서는 소수를 아는 것으로 충분하다는 뜻이다. (덧셈과 곱셈이라는 차이는 있지만) 소수가 매우 중요한 수라는 사실을 옛날부터 알고 있었다. 소수만 알면 수의 성질을 모조리 알 수 있다고 말해도 지나치지 않다.

소수의 규칙성을 발견한 가우스

이어서 진정한 수학의 거물이 등장하는데, 카를 프리드리히 가우스가 바로 그다. 가우스는 1849년에 천문학자 헨케라는 사람에게 편지를 썼고, 헨케는 가우스에게 답장을 보냈다. 그 편지에서 가우스는 일정 크기까지의 소수가 몇 개 있는지를 알기 위한 '근사식'을 밝혔다. 그 무렵부터 인류는 소수의 규칙성을 찾는 방향으로 돌진해 왔다.

가우스가 발견한 '근사'를 설명하려면 먼저 '0부터 정수

x까지 사이에 소수가 몇 개 있는가?'를 $\pi(x)$라는 기호로 나타내야 한다(이는 함수로 원주율의 π와는 무관하다). 예를 들어, x=5의 경우 소수는 2, 3, 5 3개뿐이므로 $\pi(5)$=3개, 마찬가지로 0부터 100까지 사이에 소수는 25개가 있으므로 $\pi(100)$=25개가 된다. 이 $\pi(x)$는 그래프로 나타내면 x가 소수인 부분에서 한 계단 올라가는 계단 모양이 그려져 '소수 계단'이라 부른다.

이 소수 계단을 바로 계산할 수 있으면 좋겠지만, 정신이 아득해질 정도로 복잡한 계산이라 먼저 '근사'부터 시작하는 수밖에 없다. 그 첫 번째 근사를 가우스가 발견했다. 공식으로 풀어 쓰면 대략 아래와 같다.

■ x까지 소수가 몇 개인가 :

소수 공식 $\pi(x) \sim \dfrac{x}{\ln x}$

'~'는 '근사'라는 의미이며, ln은 '자연로그'라는 의미다. 학교에서 로그를 배운 사람은 아마 $\log_{10}10=1$', $\log_{10}100=2$ 등 로그 계산을 배웠을 것이다. 밑이 10인

로그를 '상용로그'라고 한다(말 그대로 항상 사용하는 로그라는 뜻에서 붙여진 이름이다).

로그라는 말만 들어도 없던 두통이 생기고 가슴이 벌렁거리는 사람도 있겠지만, 고정관념을 잠시 접어 두고 그저 '자릿수를 계산하는 장치'라고 쉽게 생각해 보자. 10은 1자리이므로, 10의 로그는 '1'이고, 100은 2자리이므로 100의 로그는 '2'라는 식이다……. 쉽게 설명하려고 자릿수라고 얼렁뚱땅 넘어갔지만, 정확하게는 한 가지가 빠졌다. 즉 10의 몇 제곱'에서 '몇' 부분을 계산해 내는 장치가 로그다. 10은 10의 1제곱, 100은 10의 제곱과 같은 식이다.

그래서 ln은 10 대신 e가 밑이므로 'e의 몇 제곱'에서 '몇' 부분을 계산해 내는 장치다. 자연계의 자릿수를 계산하는 장치는 함수다. 가우스 판본의 소수 공식은 x를 $\ln x$로 나눈다는, 지극히 간단한 형태로 이루어져 있다. 그렇다면 가우스가 발견한 이 근사공식은 얼마나 정확할까? 진짜 소수의 개수인 소수 계단과 가우스의 근사공식을 표로 정리해 보았다.(그림 14)

그림 14 • 실제 소수의 수와 근사공식에서 수와의 비교

x	$\pi(x)$	$x / \ln x$	$x(\ln x - 1)$
1000	168	145	169
10000	1229	1086	1218
100000	9592	8686	9512
1000000	78498	72382	78030
10000000	664579	620240	661459
100000000	5761455	5428681	5740304

(출처 : https://primes.utm.edu/howmany.html)

가우스의 근사공식은 상당히 아름다운 선을 그린다. 하지만 분모에서 1을 빼면 좀 더 정확한 근사치가 나온다. (그림 14의 제일 오른쪽 예)

가우스의 '소수 계단'을 단숨에 뛰어오른 리만

이 근사공식의 정확도를 단숨에 높인 인물이 베른하르트 리만(Bernhard Riemann, 1826~1866)

이다. 사실, 리만 공식은 어떤 의미에서 엄밀하게 소수 계단을 재현했다. 리만의 소수 공식도 처음에는 한 계단 한 계단 오르는 계단이 아니라 계단 위의 단과 아래의 단 사이를 지나는 완만한 곡선이었다. 그러나 제타 함수라는 특수한 함수의 성질을 가미해 점차 우리가 아는 계단 모양에 가까워졌다.(그림 15, 16)

역사적으로 소수 계단에 대한 연구는 이렇게 시나브로 제타 함수의 정체를 밝히는 방향으로 초점이 옮겨 갔다. 소수에 관한 공식 연구가 주선율이라면 어느새 반주였던 제타 함수가 주선율의 자리를 완벽하게 차지해 버린 셈이라고나 할까.

제타 함수는 사실 소수 문제뿐 아니라 원자를 구성하는 원자핵 에너지를 나타내는 공식과 물질을 '끈'으로 간주하는 초끈이론 등 물리 문제에도 수시로 튀어나오는 매우 불가사의한 수식이다.

소수 연구가 제타 함수 연구로 변하고, 그 연구가 사실상 물리학 연구와 밀접하게 연관되어 있다고 생각하면 인

그림 15 • 검은색 선은 제타 함수의 성질(n)을 0개,
즉 전혀 가미하지 않은 리만의 근사. 회색 선은 진짜 소수 계단

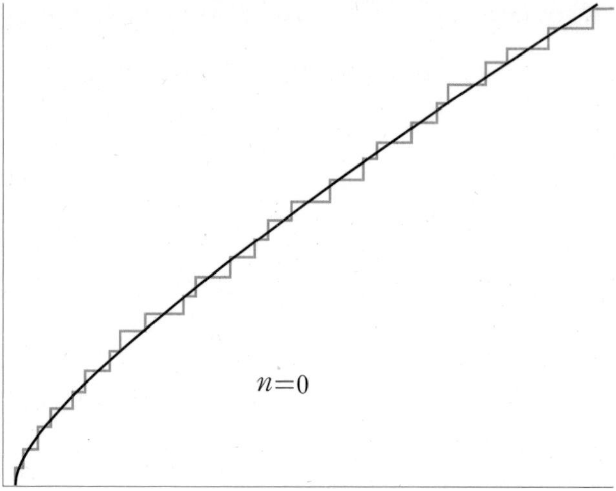

(출처 : http://empslocal.ex.ac.uk/people/staff/mrwatkin/)

류가 아직 발견하지 못한 새로운 법칙이 이 신비로운 제타 함수에 숨겨져 있을지도 모른다는 생각이 든다. 어쩌면 조물주가 우주 법칙인 물리학과 우주를 기술하는 언어인 수학에 숨겨 둔 암호 비슷한 게 아닐까? 다만 그 속에 숨겨진 비밀이 무엇인지는 아직 이 세상 누구도 제대로

그림 16 • 제타 함수의 성질을 100개 가미하면
근사가 소수 계단에 가까워진다

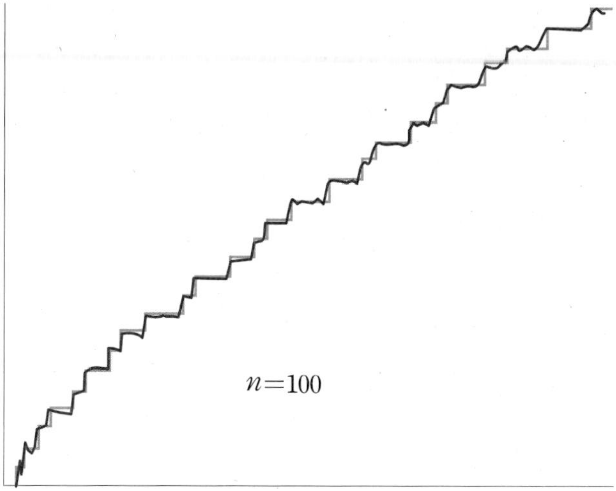

알지 못한다.

리만은 어떻게 소수 계단을 껑충 뛰어오를 수 있었을까? 이에 관한 좀 더 자세한 설명은 바로 이어지는 다음 장으로 미루고, 여기서는 살짝 별난 소수 문제를 좀 더 소개할까 한다.

소수 분포에 관한 미해결 문제, '쌍둥이 소수가설'

소수 분포에 관한 미해결 문제 중 하나로 '쌍둥이 소수 문제'가 있다. 쌍둥이 소수란 3과 5, 11과 13, 41과 43, 857과 859처럼 '차이가 2인 소수'를 말한다. 그렇다면 쌍둥이 소수의 짝은 무한히 존재할까? 얼핏 간단해 보이는 이 문제는 사실 아직 그 누구도 해결하지 못했다.

■ 쌍둥이 소수 가설

쌍둥이 소수의 짝은 무한히 존재할 것이다. 미해결 문제이므로 '가설'이라 부른다. 2013년 봄, 뉴햄프셔 대학교의 이탕 장(Yitang Zhang) 교수가 '차이가 7,000만 이하의 다른 소수의 조합이 무한히 존재한다'고 학계에 보고해 화제가 되었다. 쌍둥이 소수의 차이는 2라고 앞에서 설명했다. 그런 터라 차이가 7,000만 이하라는 말을 들어도 단위가 너무 커서 감이 오지 않는다. 그러나 수학자에게는 어쨌든 차이가 7,000만 이하인 소수의 짝이 무한히 존재한다는 사실이 증명되었다는 소식은 커다란 충격을 안겨 주었다. 왜냐하면, 그리스 시대부터 현재에 이르기까지 그 누구도 구체적인 숫자의 상한을 구하는 데 성공하지 못했기 때문이다.

장 교수는 베이징 대학교를 졸업하고 미국으로 건너간 수학자로, 퍼듀 대학교에서 박사 학위를 취득하고 나서 이런저런 직업을 전전했다. 경리 업무, 뉴욕 레스토랑에서 배달 담당, 켄터키 모텔 종업원, 서브웨이라는 브랜드의 샌드위치 전문점 직원 등 다양한 일자리를 거쳤다. 고생 끝에 그는 뉴햄프셔 대학교에서 강사 자리를 얻는 데 성공했지만, 수학계에서는 거의 잊힌 존재였다. 하지만 쌍둥이 소수를 찾는 이탕 장의 연구 성과는 전 세계 수학자들을 경악시켰고, 2014년 그는 교수로 승진했다. 이탕 장은 50대 중반이 되어서야 겨우 길거리로 나앉을 걱정을 하지 않고 수학 연구에 전념할 수 있게 된 대기만성형 수학자다.

그런데 이 숫자는 눈 깜짝할 사이에 줄어들었다. 같은 해 11월, 캐나다 몬트리올 대학교의 제임스 메이나드

(James Maynard)와 미국 캘리포니아 대학교의 테렌스 타오(Terence Tao)가 차이 600 이하의 소수의 짝이 무한히 존재한다는 사실을 증명했다. 제임스 메이나드는 이십 대 중반의 수학자이지만, 테렌스 타오는 (수학계의 노벨상으로 일컬어지는) 필즈상을 수상한 1975년생 중진이다.

쌍둥이 소수를 거꾸로 더해 보면?

여기서 한 가지, 수학의 불가사의를 느낄 수 있는 문제를 생각해 보자. 소수와 쌍둥이 소수를 거꾸로 뒤집어서 전부 더해 본다. 먼저 소수부터…….

■ 소수의 역수의 합은 무한하다

$$\frac{1}{2}+\frac{1}{3}+\frac{1}{5}+\frac{1}{7}+\cdots=\infty$$

소수의 역수를 무한히 더하면 답은 무한해진다(증명은 생략

한다). 마찬가지로 쌍둥이 소수의 역수를 무한한 개수로 더해 보자. 아차! 그러고 보니, 쌍둥이 소수가 무한한지 아닌지는 아직 해결되지 않은 문제다. 어쩌면 쌍둥이 소수는 유한한 개수만 존재할 수 있다. 그런데 재미있게도 쌍둥이 소수의 역수를 '전부' 더하면 특정한 수(정수)가 된다는 사실을 밝혀냈다. 무한한지 유한한지 알지 못한다 해도 말이다.

■ **쌍둥이 소수의 역수의 합은 유한**

$$B_2=\left(\frac{1}{3}+\frac{1}{5}\right)+\left(\frac{1}{5}+\frac{1}{7}\right)+\left(\frac{1}{11}+\frac{1}{13}\right)+\left(\frac{1}{17}+\frac{1}{19}\right)+\left(\frac{1}{29}+\frac{1}{31}\right)+\cdots$$

이 정수를 (발견한 수학자의 이름을 따서) '브룬 상수(Brun's constant)'라 부른다. 20014년 4월 기준으로, 브룬 상수에서 가장 높은 수치는 1.902160583104이다(쌍둥이 소수의 역수를 계속 더하면 정확도가 높아진다). 이 브룬 상수가 무한하지 않고 약 1.9라는 유한한 수치가 된다는 점이 핵심이다. 덧셈의 답이 무한하다면 항의 수도 무한하다는 사실을 알 수 있다. 하지만 덧셈의 답이 유한하다면 항의 수가 유한한지 무한한지 판별할 수 없다. 또한, 쌍둥이 소수가 무한히 존재하는지도 2014년 4월 기준으로 여전히 미해결 문제로 남아 있다.

브룬 상수는 매우 작다. 가령 쌍둥이 소수가 무한히 존재하더라도 소수 전체의 수와 비교하면 '구멍이 숭숭 뚫려 있는 상태'임을 알 수 있다. 쌍둥이로 태어나는 사람도 드물지만 소수 쌍둥이 역시 소수의 세계에서는 매우 희귀한 존재인 것이다.

'세쌍둥이 소수', '사촌 소수', '섹시 소수'

참고로, '세쌍둥이 소수'도 존재한다. 재미있게도 세쌍둥이 소수는 딱 한 개밖에 없다. 3과 5와 7, 이렇게 세 숫자가 바로 세쌍둥이 소수다! 하지만 그 정도로는 시시해서 '세쌍둥이 소수'는 5, 7, 11이나 13, 17, 19처럼 간격이 2나 4인 세 쌍의 소수라고 정의한다.

이렇게 정의하면, 세쌍둥이 소수 역시 무한히 존재한다

고 볼 수 있다. 또한 3과 7이나 97, 101처럼 차이가 5인 '사촌 소수'도 있다. 간격이 살짝 멀어서, 형제자매가 아니라 촌수가 살짝 떨어진 '사촌'이라는 이름이 붙었다.

5, 11이나 131, 137처럼 차이가 6인 '섹시 소수'도 있다. 도대체 어느 부분이 섹시한지 모르겠다고? 사실, '섹시'는 라틴어 6을 뜻하는 'sex'라는 단어에서 유래했다. 물론 맨 처음 이 이름을 붙인 누군가가 사람들이 이 숫자를 보고 엉뚱한 상상을 할 것이라 예상하고 이렇듯 깜찍한 이름을 붙인 것이 아닐까. 나름대로 유머 감각이 넘치는 작명인 것 같다.

집단지성을 활용해 난제에 도전하는 프로젝트, Polymath

그런데 장 교수가 자신의 연구 결과를 발표한 이후 겨우 반 년 만에 쌍둥이가 아닌 '먼 친척' 숫자가 600까지 내려간 데는 그만한 이유가 있다. 일반에 널리 알려지지는 않았지만, 'Polymath'라는 인터넷 '집단 지성 모임'이 있다. 수학 전문가와 마니아들이 모여 집단 지성을 활용해 수학 문제에 도전한다는 프로젝트다.

장 교수의 결과에 충격을 받은 타오는 바로 7,000만이라는 숫자를 좁히는 프로젝트를 'Polymath' 웹사이트에 올렸다. 여태까지 고독한 수학자의 영감과 장인정신에 의존하던 수학 연구도 시대 변화에 발맞추어 변화하고 있다. 세계 각국의 수학자들이 인터넷으로 토론하며 지혜를 짜내 미해결 문제에 도전하는 시대가 왔다. "백짓장도 맞들면 낫다"라는 속담처럼 전 세계 수학자와 수학 마니아가 모이면 어느 정도의 지혜를 짜낼 수 있을지 상상도 되지 않을 정도다. 아마 앞으로 이 방면의 연구는 훨씬 더 비약적으로 발전하지 않을까 싶다. 어쩌면 가까운 시일 내에 쌍둥이 소수 가설도 증명될 것으로 본다.

column 4

가우스가 인류 최고 수학자인 이유

조금 뜬금없는 소리처럼 들릴 수도 있겠지만, 책상 서랍을 뒤져 컴퍼스와 자를 꺼내 보자. 다른 도구 없이 컴퍼스와 자만 이용하여 정17각형을 그리는 것이 가능할까? 한 가지 조건을 덧붙이자면, 여기에 사용되는 자에는 눈금이 없다.

수학에 특별한 관심이 있지 않은 평범한 사람이라면 어쩌면 '말도 안 돼!'라고 비명을 내지르며 항의하고 싶을지도 모르겠다. 그러나 이런 문제를 어려서부터 깊이 몰입해 생각하고 또 생각하는 사람들이 수학자라는 별종들이다.

소년 가우스도 예외는 아니었다. 언어학과 수학을 놓고 심각하게 진로를 고민하던 가우스는 열아홉 살 무렵에 정17각형 그리는 법을 골똘히 생각하다가 수학자의 길을 걷기로 마음을 정했다.

수학자가 되기로 진로를 정한 이후 가우스는 정17각형 작도법을 궁리하는 데서 멈추지 않고 한발 더 나아가 페르마 소수 연구에 몰두했다. 여러분은 혹시 '페르마 소수'에 대해 들어본 적이 있는가? 간단히 말하자면, 2의 거듭제곱에 2를 더한 수를 '페르마 소수'라고 부른다.

$2^1+1=3$
$2^2+1=5$
$2^4+1=17$
$2^8+1=257$
$2^{16}+1=65537$

예를 들면, 이런 식이다. 처음 다섯 개 숫자가 '페르마 소수'가 된다. 가우스는 정5, 17, 257, 65537……과 같은 식으로 '정다각형이 페르마 소수일 때'컴퍼스와 자만으로 작도할 수 있다는 사실을 증명했다. 그리고 이 증명을 좀 더 발전시켜 그리스 시대부터 2천 년 넘는 기나긴 시간 동안 풀지 못한 정다각형 작도법 문제에 값진 열매를 맺었다.

그 밖에도 가우스는 물리학에서 천문학에 이르는 광범위한 분야에서 위대한 업적을 남겼다. 대표적으로 전자기학에서 그의 이름을 딴 '가우스의 법칙'이 있다. 크기 q인 전하가 있을 때 그 전하를 '주머니'로 감싼다. 이때 전하 q를 주머니 표면적으로 나누면 '전기장의 세기'가 된다는 법칙이다(정확한 설명을 보태면 여기에 정수가 연관된다). 사실, 몰라도 사는 데 지장은 없다. 물리학이나 공학 이외의 분야에서는 사용할 일이 거의 없기 때문이다.

또한, '가우스 곡률(Gaussian curvature)'이라는 개념이 있다. 예를 들어 지구본은 크기가 작아 곡면이 한눈에 들어오지만, 실물 크기의 지구는 워낙 커서 곡면이 잘 느껴지지 않는다. '어느 정도로 휘어져 있는가?'를 계산하는 과정은 간단하다. 지구본의 반지름 r과 지구의 반지름 R의 역수를 각각 계산하면 그만이다. (정확히는 그 제곱) r이 작고 R이 크다. 즉, 그 역수인 r분의 1은 크고 R분의 1은 작다. 이 r분의 1과 R분의 1이 지구본과 지구의 '가우스의 곡률', 즉 '어느 정도로 구부러져 있는가?'가 된다. 사실 지금까지 설명한 내용은 가장 간단한 계산 예이고, 실제로는 복잡하게 들쭉날쭉 이지러진 '시공'의 곡률까지 계산할 수 있다.

소년 가우스가 언어학이 아닌 수학의 길을 걷기로 결심한 순간은 우리 인류에게 엄청난 은총의 시간이었다. 하지만 만약 가우스가 언어학을 선택했다면 도대체 그 분야에 어느 정도의 학문적 혁명이 일어났을까? 어쩌면 인류 언어의 기원이 해명되었을 수도 있지 않을까?

6장

범죄 용의자 소수와 **리만 가설 이야기**

두둥, 기대하시라! 드디어 이 책의 클라이맥스로 접어든다. 전 세계의 수학자들이 150년 이상 끈질기게 도전했지만, 아직 그 누구도 풀지 못한 초고난도 문제가 있다. 바로 '리만 가설'이다. '리만 가설'은 도대체 얼마나 어려운 문제이기에 내로라하는 수학자들이 서로 머리를 맞대고 연구에 연구를 거듭해도 풀지 못했을까? 이번 장에서 리만이 탐구했던 '완벽한 소수 공식'과 그 부산물인 '제타 함수의 영점'에 대해 살펴보자.

이 장에서는 기호를 사용한 수식이 자주 등장하지만, 겁먹을 필요는 없다. 글로 풀어쓴 부분을 찬찬히 읽다 보면 수포자도 충분히 이해할 수 있으니까. 추상화나 현대 미술을 감상하는 기분으로 식의 '생김새'를 차분히 감상해 보자.

범죄 용의자로 지목된 소수 이야기

2005년부터 2010년까지 방영된 〈넘버스(Numbers)〉라는 제목의 미국 추리 드라마가 있다. FBI 수사관 돈 엡스와 남동생 찰리의 활약을 그린 텔레비전 시리즈다. 찰리는 천재 수학자로, 범죄자의 행동을 예측하는 독특한 공식을 만들어 낸다. 이 드라마는 미국 전역에서 선풍적 인기를 끌며 해외 각국에서 절찬리에 방영되었다. 드라마의 에피소드 중 한 편이 '소녀 유괴 사건'이다.

어느 날, 다섯 살짜리 여자아이가 생일 파티에서 유괴된다. 파티 분위기를 돋우려고 부른, 피에로로 변장한 범인들의 동기는 무엇이었을까? FBI 수사관 돈은 유괴된 여자아이 아버지의 직장을 찾아간다. 그는 수식으로 빽빽하게 뒤덮인 화이트보드를 발견하고, 남동생 찰리에게 도움을 요청한다.

여자아이의 아버지는 천재 수학자다. 그리고 그는 자신이 리만 가설을 해결했다고 주장한다. 만약 그의 논문이 옳다면, 그는 100만 달러의 상금을 거머쥐게 된다. 범인은 그 상금을 노릴까? 찰리는 고개를 가로젓는다. 왜냐하면, 수학 증명이 옳다고 인정받으려면 전 세계 수학자들의 까다로운 검증을 거쳐야 하기 때문이다.

아버지가 상금을 수령할 때까지 몇 년이 걸릴지 모른다. 자, 여기까지! 아직 드라마를 보지 못한 독자들을 위해 줄거리 소개는 이쯤에서 접고, 본론으로 돌아가자. 범인들은 여자아이의 아버지가 쥐고 있던 '소수'에 관한 비밀을 알고 싶어 한다. 말하자면, 그들은 소수의 성질을 이용한 대규모 범죄 계획을 짠 것이다.

참고로, 이 에피소드의 제목은 〈Prime Suspect〉였다. Prime은 '주요한', Suspect는 '용의자'라는 뜻이다. 즉, Prime Suspect는 '주요 용의자'라는 뜻이 된다. 그런데

이 Prime이라는 단어에는 알다시피 소수라는 의미도 있다. 말하자면, 언어유희인 셈이다.

그건 그렇다 치고, 소수 연구가 순수 수학의 좁은 세계의 이야기인 줄 알았더니 세계적인 범죄와 관련될 정도로 '응용'이 가능한 분야였던 모양이다.

가우스의 소수 공식

가우스가 발견했던 소수 공식을 잠시 살펴보자.

■ 가우스의 소수 공식 1

$$\pi(x) \sim \frac{x}{\ln x}$$

사실, 가우스는 위에 제시한 '소수 공식 1'보다 좀 더 정확도가 높은 소수 공식을 발견했는데, 그것은 다음과 같다.

■ **가우스의 소수 공식 2**

$$L_i(x)=\int_2^x \frac{dt}{\ln t}$$

'아, 뭐야! 이거 사기 아니에요? 일반인도 읽을 수 있는 수학 책이라고 했잖아요!' 독자 여러분의 항의가 여기까지 들려오는 것만 같다. 잠시 진정하고 나를 믿고 조금만 더 읽어 보시기 바란다.

울렁거리는 가슴을 가라앉히고, 심호흡을 한 뒤 차분하게 다시 책에 집중하자. 눈을 부릅뜨고 찬찬히 살펴보다 보면 두 번째 공식에 적분 기호가 들어 있다는 것을 알 수 있다. 그런데 적분은 알고 보면 '덧셈'과 같은 발상이다. 잘게 쪼개서 더하는 과정을 적분이라 부를 뿐이다. 그러므로 x가 큰 수인 경우, 같은 식을 다음과 같이 적어도 상관없다.

■ **가우스의 소수 공식 3**

$$L_i(x)=\frac{1}{\ln_2}+\frac{1}{\ln_3}+\cdots+\frac{1}{\ln x}$$

소수 공식 2가 의미하는 것의 '대강의 설명'이 소수 공식 2라고 생각해 보자. 덧셈이라고 생각하면 그다지 어렵게 느껴지지 않을 것이다.

자, 이제부터 잠시 기호 설명을 보탤까 한다. 잠시 마음을 가라앉히고 집중해 보자. L_i의 L은 '로그의(logarithmic)'의 머리글자이고, L_i의 i는 '적분(integral)'의 머리글자다. 마찬가지로, L_s의 s는 '더하기(sum)'의 머리글자다. 이렇게 기호의 유래를 파고 들어가다 보면 신기하게도 수식에 대한 두려움도 차츰 줄어든다.

여기서 독자 여러분이 기억해 두어야 할 사항이 한 가지 있다. 소수 공식에도 여러 버전이 있다는 사실! 가우스의 소수 공식도 버전 1부터 2까지 존재한다.

완벽한 소수 계단

이제 최신 과학 기술을 활용해 이 소수 공식을 점점 정밀하게 다듬어 나가는 방법이 요즘 소수 연구의 큰 흐름이다. 리만 역시 이런 대세를 타고 소수 공식을 고안했다. 대충 이런 모양이다.

■ **리만의 소수 공식 1**

$$R(x)=L_i(x)-\frac{1}{2}L_i(x^{\frac{1}{2}})-\frac{1}{3}L_i(x^{\frac{1}{3}})-\cdots$$

이 공식의 '…'는 '이후로 계속 이어진다'는 의미로, 가우스의 소수 공식 버전 2로 계속 이어 나간다. 최초의 $L_i(x)$는 가우스의 소수 공식 버전 2 그대로다. 거기서부터 다시 수많은 수정항을 빼서 근사를 높여 간다.

x의 지수인 '2분의 1'을 '2분의 1제곱'으로 말하자면 제곱근이다(2번 곱하면 x가 되는 수). 마찬가지로, '3분의 1제곱'은 3제곱이다(3번 곱하면 x가 되는 수). 여기서 나온 $R(x)$의 R은 '리만'의 머리글자에서 따왔다. 이 소수 공식은 정확도가 매우 높아 수학자들이 경의를 표하기 위해 리만의 이름에서 따왔다고 한다. 참고로, 리만 자신은 논문에서 R이 아닌 f라는 일반 함수 기호를 사용했다.

완벽한 소수 계단을 $\pi(x)$로 나타낸다. 이는 'x 이하의 소수의 수'를 의미한다. 예를 들어, 100까지의 소수는 25개이므로 $\pi(100)=25$가 된다. 가우스와 리만의 소수 공식은 이 완벽한 소수 계단을 '근사'로 보여 준다. 근사의 기호 '~'를 사용하면 다음과 같이 적을 수 있다.

$$\pi(x) \sim L_s(x)$$
$$\pi(x) \sim R(x)$$

리만의 놀라운 발견

리만의 소수 공식 1은 정확도만 높은 게 아니다. 놀랍게도 이 공식을 살짝만 손보면 정확도가 놀라울 정도로 개선된다. 다시 말해, 거의 완전한 소수 계단을 재현할 수 있다! 가능한 한 적은 수식으로, 그 과정을 설명해 보기로 한다(중간 과정은 가뿐하게 생략하므로, 수식 변형 등의 상세한 내용에 흥미가 있는 독자는 참고문헌으로 부족한 부분을 채워 넣기 바란다).

먼저 '감상'용으로 리만의 소수 공식을 변형해 적어 본다.

■ 리만의 소수 공식 1

$$R(x)=1+\sum_{k=1}^{\infty}\frac{(\ln x)^k}{kk!\zeta(k+1)}$$

완전히 다른 공식으로 바뀐 것 같지만, $\ln x$는 사라지지 않았다. $\sum$는 '합계를 구하라'는 기호다. $k!$의!(느낌표)는 '계승(階乘)'을 나타낸다. k부터 1까지의 정수를 곱하라는 의미다. 구체적인 예를 들어보면, $3!=3\times2\times1$, $5!=5\times4\times3\times2\times1$이 된다. 그리고 $\zeta(k+1)$이 제타 함수다.

앞에서 살펴보았듯, 제타 함수는 오일러가 상세하게 연구해 유명해졌다. 한데, 지금은 리만이 논문에서 사용했던 ζ(그리스어 제타의 소문자)라는 기호가 사용되는 경우가 많아 '리만의 제타 함수'라고 부른다.

리만은 기존에 실수의 함수로 여겨졌던 제타 함수의 세계를 복소수로까지 넓혔다. 실수와 허수가 뒤섞인 수를 '복소수'라고 부른다. 이 복소수의 세계로 들어가면 실수의 세계에 머물 때는 전혀 보이지 않던 구조가 보이는 경우가 있다. 그리고 리만은 다음과 같은 깜짝 놀랄만한 사실을 발견했다.

■ **리만의 놀라운 발견 제타 함수의 영점을 고려하면 소수 계단의 완벽한 공식을 만들 수 있다.**

말 그대로 '대발견'이다. 여태까지의 소수 공식은 어디까지나 '근사'에 지나지 않았다. 그런데 리만은 소수 계단을 완벽하게 재현하는 소수의 궁극 공식을 발견해 냈던 것이다.

리만의 궁극 소수 공식

리만의 궁극의 소수 공식은 다음과 같은 모양새를 하고 있다.

■ **리만의 궁극의 소수 공식**

$$\pi(x)=R(x)-\sum_{p}R(x^{p})$$

기존의 소수 공식은 소수 계단 $\pi(x)$의 근사였기에 '~'

라는 기호가 따라붙었다. 그러나 이번에는 궁극의 소수 공식이라는 이름답게, 정확도를 반영하기 위해 '='를 사용한 부분에 주의해야 한다.

이 공식의 의미를 자세하게 설명해 보자. 먼저 우변에 제일 먼저 나오는 $R(x)$는 리만의 소수 공식 1(또는 1)이다. 이 공식은 정확도는 높지만 어디까지나 근사공식이다.

다음 항이 핵심이다. 합계를 구하라는 $\sum$ 기호가 있다. 이 기호 하나가 정확도를 높여 완벽한 소수 계단에 다가가기 위해 필요한 수정항이다.

■ **수정항**

$$\sum_{\rho} R(x^{\rho})$$

이 수정항의 $\sum$ 는 'ρ의 합을 구하라'는 의미이며, ρ는 '제타 함수의 영점'이라는 의미다. 사실, 제타 함수의 값이 0이 되는 점에는 두 종류가 있다. 우선, x가 −2, −4, −6……과 같이 마이너스 짝수일 때 제타 함수 값이 0이 된다. 이 마이너스 짝수일 때의 제타 함수의 영점은 '일반적' 또는 '당연하다'는 의미의 'trivial zero'라고 부른다.

수학자가 'trivial'이라는 단어를 사용하면 '당연하다, 증명은 누워서 떡 먹기다'라는 의미라고 받아들이자. '척 보면 안다'라는 의미이므로 흔히 trivial을 '자명한'이라는 단어로 번역한다.

그렇다고 수학이 모든 것을 증명할 수 있다는 말은 아니다. 모든 일에 시작이 있기 때문이다. 학교에서 유클리드 기하학(일반 평면상의 기하학)을 배울 때 몇 가지 전제가 되는 출발점이 있다. 가령 두 개의 평행선은 아무리 멀리 뻗어 나가도 서로 절대 만나지 않는다는 등의 조건은 자명하다. 그렇게 자명한 조건에서 출발해 증명해 나가다 보면 '삼각형의 내각의 합은 180도다'라는 정리가 탄생한다(사족이지만 지구와 같은 구면상의 기하학에서는 두 개의 평행선이 교차하고, 삼각형의 내각의 합도 180도보다 커지므로 오늘날에는 평행선의 출발점은 자명하다고 말할 수 없다).

어쨌든 수학에는 증명하려고 애쓰지 말고 있는 그대로 받아들여야 하는 부분이 있다. 제타 함수의 영점도 자명한 영점도 증명하지 않으면 쓸모없는 영점에 불과하다.

리만 가설에 대하여

그 자명한 영점이 리만 가설과 밀접하게 관련되어 있다. 제타 함수의 영점을 처음 보자마자 단번에 이해하는 사람은 거의 없다. 그러나 이것은 확실히 증명해 내야 하는 영점이다. 한데, 그 번거로운 영점에 대해서도 합을 구하지 않으면 수정항은 완벽해지지 않는다. 다시 말해, '제타 함수의 자명한 영점을 해명하지 않는 한 소수 계단을 완벽하게 재현할 수 없다'는 의미다.

그런 연유로 현시점에서, 전 세계 수학자들의 관심은 소수 계단을 재현하는 소수 공식 그 자체에서 제타 함수의 자명하지 않은 영점으로 옮겨 갔다. 참고로, 완벽한 소수 공식을 발견한 리만 자신도 다음과 같이 예상하고 가설을 세웠다.

■ 리만 가설 — 제타 함수의 자명하지 않은 영점은 모든 일직선상에 늘어서 있다.

그의 예상이 사실이라면 반가운 소식이다. 자명하지 않은 영점이 여기저기 흩어져 있다면, 그 영점들을 모조리 파악해 계산에 포함시키는 작업은 불가능하기 때문이다. 하지만 제타 함수 그래프를 그릴 때 자명하지 않은 영점이 일직선상에 늘어서 있다면 차근차근 찾아내서 계산에 포함시킬 수 있다.

안타깝게도, 리만은 가설만 세웠을 뿐 스스로 증명할 생각이 없었다. 그는 왜 자신이 세운 가설을 증명하려 하지 않았을까? 언뜻 이해하기 힘든 기벽으로 느껴지지만, 리만 자신이 이에 대해 다음과 같이 설명했다.

> 확실히 이 명제(리만 가설)의 엄밀한 증명이 이루어지면 좋겠다. 그래서 몇 번이나 증명에 도전했지만, 잘 풀리지 않았다. 고민 끝에 잠시 이 증명을 보류하기로 했다. 지금의 내 연구 목표로 보면 이 가설이 딱히 필요하지 않기 때문이다.

리만은 자신의 가설을 어디까지나 소수 공식과 관련된 부산물로 여겼던 터라 옆길로 새서 노력을 할애해야 하는 작업은 자신이 가야 할 길에서 벗어나 샛길로 빠지는 행위라고 생각했던 것 같다. 그런데 소수 공식의 열쇠를 쥔 직선이란 도대체 '어디'에 있을까? 이 부분을 이해하려면 제타 함수의 영점을 좀 더 명확히 이해해야 한다.

열쇠를 쥔 리만의 제타 함수

이제 드디어 영점에 대해 설명할 차례가 왔다. 우리는 학교에서 1차 방정식과 2차 방정식을 공부했다. 예를 들어, $2x-1=0$이라는 1차 방정식의 해는 $x=\frac{1}{2}$이다. 그러므로 알고 보면 이 $x=\frac{1}{2}$은 $f(x)=2x-1$이라는 1차 함수의 영점이다.

위에 소개한 내용이 너무 당연한 이야기라 시시해서 김이 새는 것 같은 기분이 드는 독자도 있지 않을까? 아무튼 다시 말하자면, 어떤 함수가 0이 되는 방정식을 푼다. 이 경우, 그림 17과 같이 2차 함수가 두 군데에서 축과 만나고 함수 값은 0이 된다. 이 두 가지가 바로 영점이다.

그림 17 • 중학교에서 배운 2차 함수 그래프

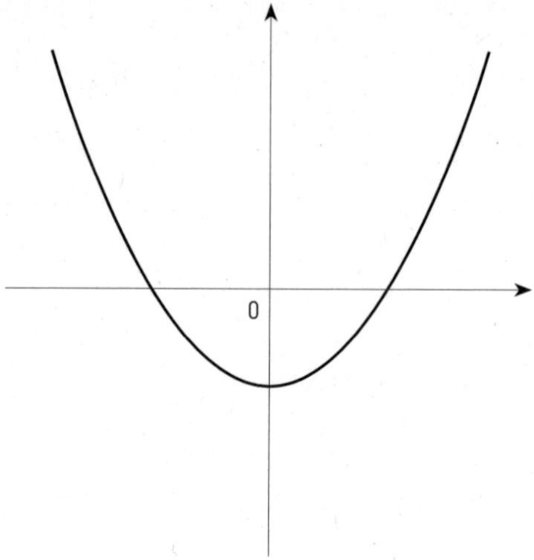

제타 함수는 1차 함수, 2차 함수와 비교하면 훨씬 복잡한 모양새를 하고 있다. 그러나 영점을 대하는 사고방식 면에서는 차이가 없다. 앞에서 나는 오일러가 제타 함수를 자세히 연구했다고 이야기한 바 있다. 그리고 한발 더 나아가 오일러가 고안해 낸 제타 함수의 자세한 모양새도 소개했다. 자, 이제 다시 한 번 그것을 복습해 보자.

■ **제타 함수**

$$\frac{1}{1^s}+\frac{1}{2^s}+\frac{1}{3^s}+\cdots\cdots=\left(\frac{1}{1-\frac{1}{2^s}}\right)\left(\frac{1}{1-\frac{1}{3^s}}\right)\left(\frac{1}{1-\frac{1}{5^s}}\right)\cdots\cdots$$

그런데 이 함수를 오일러가 아닌 '리만의 제타 함수'라고 부르는 이유는 과연 무엇일까? 역시 앞에서 대략적이나마 다루었지만, 리만은 제타 함수를 실수에서 복소수의 세계로 과감하고도 창의적으로 확장했다. 그러자 매우 놀랍게도 리만의 소수 공식을 완벽하게 만드는 데 필요한 제타 함수의 영점 중 '증명해야 하는' 즉, '자명하지 않은 영점'은 허수의 방향으로 대폭 넓어졌다. 이에 대해 좀 더 부연하자면, 애초에 리만이 제타 함수를 복소수로 확장하지 않았다면 완벽한 소수 공식은 태어나지 않았을 가능성이 크다고 할 수 있다. 그러므로 현대 수학자들은 리만의 위대한 아이디어에 무한히 경의를 표하고, '리만의 제타 함수'라고 부르며 오늘날까지도 위대한 수학자의 업적을 기리는 것이다.

제타 함수의 영점은 어디에?

제타 함수의 영점을 설명하는 건 몹시 까다로운 작업이라 나름대로 쉽게 풀어서 설명하려 애썼으나 어쩐지 점점 수학 교과서 같은 분위기로 변해 버린 것 같다. 나는 이 책의 집필을 시작할 때 수학에 흥미를 가진 일반 독자를 위해 전체 흐름을 소개하는 데 목적을 두었다. 여기서는 슬쩍 영점을 그린 그림을 선보이고, '수식은 제쳐 둔 채 제타 함수의 영점은 대강 이런 일직선으로 늘어서 있습니다'라는 이미지를 독자 여러분이 느끼게 하는 정도 선에서 그칠까 한다.

짜잔, 제타 함수의 영점은 이런 식으로 분포되어 있다!(그림 18) 리만이 제타 함수를 복소수로 확장해 이 그림의 가로축은 '실수'이고 세로축은 '허수'가 되었다. 참고로, 복소수의 세계를 눈에 보이게 그려 내기 위해 이렇게 실축과 허축을 직교시키는 그래프를 고안한 사람은 가우스였다(그 이전에도 이 점을 생각한 수학자가 없지는 않았지만, 이론의 정교함과 완성도 면에서 가우스에 훨씬 미치지 못했다. 아무튼, 이 그래프를 사람들은 가우스 평면,

아강드 평면(Argand Diagram), 베셀 평면(Wessel Diagram), 복소평면(complex plane) 등으로 부르기도 한다).

이 그림에서 자명한 영점은 실축상의 −2, −4, −6,…… 에 존재한다. 즉, 마이너스 짝수다. 그리고 자명하지 않은 영점은 (2분의 1+어쩌고 i) 직선상에 존재한다는 사실을 알 수 있다. 그림에서 '임계선'이라고 적혀 있는 직선이다. 여기서 리만 가설을 조금 더 정확하게 적어 보자.

■ **리만 가설**

제타 함수의 자명하지 않는 영점은 모두 실부(實部)가 2분의 1인 임계선상에 존재한다.

'실부'는 또 뭐야? 고개를 갸웃거리는 독자 여러분을 위해 잠시 설명하자면, 복소수는 $x+yi$라는 형태로 표기되고 x는 실수, yi는 허수를 의미한다(i가 허수를 의미한다는 것은 4장에서 설명했다). 즉, 복소수는 $x+yi$의 x의 값으로 성립한다. 학교에서 복소수 그래프를 배울 때 x축이 실수의 축

그림 18 • 제타 함수의 자명하지 않은 영점은 2분의 1의 직선상에 늘어서 있다?

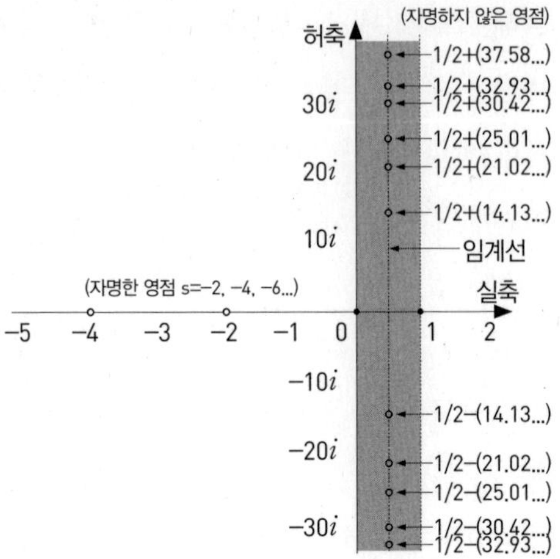

그림 19 • 복소수 그래프

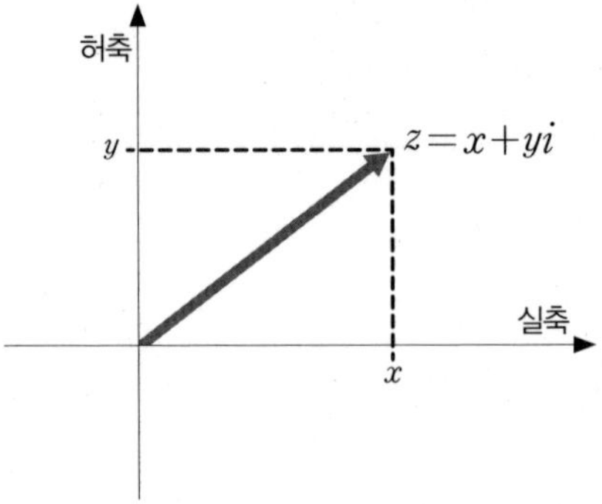

이고 y축이 허수의 축이라고 가르친다.(그림 19)

다시 말해, 그래프에서 어딘가에 점을 찍으면 세로로 다리를 내린 x 부분이 실부이고, 가로로 다리를 뻗은 y 부분이 허부를 나타낸다. 실부와 허부의 값이 주어져야 비로소 함수의 범위를 지정할 수 있다.

제타 함수의 영점은 x의 실부는 2분의 1로, 반드시 '2분의 1+어쩌고 i'라는 형태가 된다. 그래프에서 살펴보면 x는 2분의 1이므로 나머지는 허부인 x의 값이 바뀔 따름이다. 실부가 2분의 1인 임계선상에 영점이 모두 모여 있다는 것이 리만 가설이다.

리만 가설을 획기적으로 진전시킨 두 천재 수학자

리만 가설에 크나큰 진전을 가져온 이가 하디와 리틀우드라는 영국의 천재 수학자 콤비였다. 이 두 사람은 자타공인 당대를 대표하는 수학자다. 쉽게 말해, 이들은 물리학계의 뉴턴과 아인슈타인 급의 위대한 수학자였다.

두 사람 중 특히 하디의 이름이 이 책을 읽는 독자들에게 익숙할 가능성이 크다. 스리니바사 라마누잔(Srinivasa Ramanujan, 1887~1920)이라는 유명한 인도 출신 수학자가 있다. 라마누잔은 고등교육을 받지 않고 독학으로 수학을 연구한 인물이다. 그는 혼자서 어려운 수학 공식을 끊임없이 증명했다. 그의 말에 따르면, 자신이 신에게서 계시를 받고 공식을 내려받았다고 한다. 조금은 황당하게 들릴 수도 있는 이런 말이 어느 정도 수긍이 갈 정도로 그는 과연 대단한 천재 수학자였다. 다만 한편으로, 처음에는 수학자로서 확실한 증명을 해냈다고는 말하기 어려운 상태였다.

라마누잔은 영국으로 건너가 수학을 연구하고 싶다는 간절한 바람을 담은 편지를 몇몇 수학자에게 보냈다. 그러나 아무도 그를 상대해 주지 않았다. 그러나 하디는 달랐다. 라마누잔의 수식에서 무언가를 느낀 하디는 라마누잔의 천재성을 직감하고 영국으로 불러들여 그와 함께 연구를 시작했다. 세간의 주목을 받은 쪽은 라마누잔이었지만, 사실 천재를 알아본 하디가 진정한 의미의 수학자였다고 할 수 있다.

라마누잔이 "하늘에서 내려왔다"라고 말한 공식 중에는 당연히 오류도 있었다. 하지만 오류가 없고 타당한, 그러나 아직 그 누구도 발견하지 못한 공식도 있었다. 라마누잔에게 들은 공식을 하디는 제대로 된 수학 기법을 활용해 증명해 나갔다. "내 최대 업적은 라마누잔을 발견한 것이다"라는 하디의 말은 유명하다.

하디는 순수 수학과 순수 과학을 사회, 경제, 정치와 무관계한 숭고한 지적 행위로 간주했다.

"정수론과 상대론을 전쟁 목적으로 이용하는 방법을 발견한 사람은 아무도 없거니와 앞으로도 오랫동안 발견되지 않을 것이다."

1940년 하디가 한 말이다. 그러나 운명의 장난인지 정수론의 일부 분야인 소수 연구는 현대 인터넷 암호 시스템의 근간이 되며, 경제 전쟁의 최종병기로 사용되고 있다. 또한, 아인슈타인의 상대성 이론도 원폭 제조의 이론적 초석이 되고 말았다.

복소수의 세계 어딘가에 수많은 '영점'이 숨어 있다고?

이제 리틀우드가 등장할 차례다. 리틀우드는 하디의 단짝이었다. 둘은 리만 가설 연구를 진전시켜 리만이 제안했던 임계선 위에 영점이 무한히 존재한다는 사실을 증명했다.

어라? 그렇다면 하디와 리틀우드가 리만 가설을 풀었다는 건가? 그런데 왜 지금까지 미해결 문제로 남아 있지? 앞뒤가 안 맞잖아!

워워, 사람 말은 끝까지 들어야 하는 법이다. 재촉하지 말고 조금 더 이야기를 들어보자. 수학 언어는 정확하게 읽어야 한다. 자, 다시 한 번 보자. 하디와 리틀우드는 '임계선 위에는 무한한 영점이 존재한다'라는 사실을 증명했다. 이 부분이 중요하다. 대신, 그들은 임계선 밖에 영점이 존재하는지 그렇지 않은지에 대해서는 아무것도 이야기하지 못했다.

다시 한 번 차분히 기억을 더듬어 보자. 리만의 소수 공식에 제타 함수 영점을 보정해 완벽한 소수 계단을 재현하려면 '모든 영점'을 활용해야 한다. 다시 한 번 강조하지만, 하디와 리틀우드는 임계선 위에 무한히 영점이 존재한다는 사실을 밝혀냈다. 그러나 '다른 어딘가에도 영점이 존재한다'는 가능성은 여전히 사라지지 않았다. 복소수의 세계 어딘가에 아직도 수없이 많은 영점이 숨겨져 있을지 모른다. 복소수의 우주는 우리가 사는 실제 우주보다 광대하다. 그 드넓은 세계 어딘가에 오로지 임계선 위에만 자명하지 않은 영점이 존재한다는 사실을 증명하지 않으면 완벽한 증명이 이루어지지 않는 것이다.

하디와 리틀우드는 처음에는 리만 가설이 지극히 간단한 문제로 보였다고 말했다. 그도 그럴 것이, 그들은 임계선 위에 자명하지 않은 영점이 무한히 존재한다는 사실을 시원스레 증명해 버렸기 때문이다. 만일 누구든지 다른 어느 곳에도 없는 것만 증명할 수 있다면 결승선을 끊을 수 있다. 그런데 그 후 몇십 년간 노력해도 좀처럼 답이 나오지 않았다. 세기의 천재 두 사람이 머리를 맞대고 고민해도 풀지 못할 정도로 리만 가설은 난해한 문제였던 것이다.

앨런 튜링, 리만 가설에 맞짱 뜨다

수많은 수학자가 달라붙어도 리만 가설을 좀처럼 증명하지 못하자 '혹시 리만 가설이 틀린 게 아닐까?' 의심하는 수학자들이 나오기 시작했다. 즉 실수부(實數部: 복소수에서 실수로 되어 있는 항. 즉, a+bi에서의 a를 말한다._옮긴이)가 2분의 1이 아닌, 복소수의 세계 어딘가에 제타 함수의 영점이 존재하지 않는다는 주장이다. 광대한 복소수 세계의, 실부가 2분의 1이 아닌 '한 점'에서 제타 함수의 자명하지 않은 영점을 찾아내면 리만 가설은 무너진다. 단 하나의 쐐기가 거대한 둑을 무너뜨리는 것과 같은 이치다.

그러나 이 전략으로 리만 가설을 반증하려고 하는 경우 특별한 방법이 필요하다. 다름 아닌 '계산력'이다. 컴퓨터가 발명되기 이전에는 수학자들이 손으로 계산해서 반례를 찾아내는 수밖에 없었다. 그러다 1949년 영국의 맨체스터·빅토리아 대학교에서 만든 '맨체스터 마크 1'은 인간 이외의 인공두뇌가 거의 사상 최초로 수학 정리 반증을 시도했던 기념비적인 기계로 자리매김했다.

이제 막 걸음마를 시작한 초기 컴퓨터의 귀중한 공백기를 활용해 계산을 담당한 이가 앨런 튜링(Alan Turing, 1912~1954)이다. 그는 소수 공식(근사)과 소수 계단의 '오차'를 조사했다.

소수 공식과 소수 계단의 오차는 소수 계단을 한 단계씩 밟아 올라갈 때마다 플러스와 마이너스 사이를 오락가락한다. 그리고 제타 함수의 영점과 계단의 단은 일치한다. 즉, 소수 공식과 소수 계단의 '오차'를 계산하는 작업은 간접적으로 제타 함수의 영점을 확인하는 작업이다.

참고로, 튜링은 세계 최초로 컴퓨터를 고안한 인물이다. 또한, 그는 인공지능의 '지능'을 판정하는 '튜링 테스트'를 낳은 아버지이기도 하다. 그는 수학계 영웅 중 한 사람으로, 그 유명한 애플의 한 입 베어 문 사과 로고도 튜링의 최후에서 유래했다는 설이 있다(물론 이는 애플의 공식 견해는 아니다). 튜링은 위대한 수학자였음에도 남색 죄를 선고받아 독 사과를 깨물고 자살로 생을 마감했다.

자, 다시 리만 이야기로 돌아가 리만은 실부가 2분의

1인 임계선 위의 자명하지 않은 영점을 계산하는 정교한 방법을 발견했다. 튜링은 오차 계산과 임계선 위의 영점을 비교해 '도중에 새는 곳이 있는지 그렇지 않은지' 알 수 있다는 사실을 깨달았다. 만약 리만 가설이 틀렸고, 임계선상 이외의 어딘가에 자명하지 않은 영점이 존재한다면 튜링의 레이더망에 걸려들게 마련이다. 영점을 놓치면 그때까지 플러스와 마이너스 사이를 오가던 오차가 갑자기 이상치를 보인다(예를 들어, 마이너스 2 이하와 이상을 오락가락하게 된다).

자세한 부분은 이해하지 못해도 상관없다(그래도 자세히 알고 싶은 독자는 참고문헌의 책을 읽어 보라). 요점은 '튜링의 방법을 사용하면 임계선상 이외에 자명하지 않은 영점이 존재하고, 그 영점을 못보고 놓친 순간 오차가 이상치를 보인다'는 것이다. 따라서 컴퓨터로 세월아 네월아 계산을 반복하다 '이상치 발견!'이라는 경보가 울리면 리만 가설이 허물어진다는 뜻이다.

이 튜링의 방법은 지금도 제타 함수의 영점을 탐색하는 프로그램을 만드는 기초가 되고 있다. 전 세계 수학자와 계산기 과학자들이 컴퓨터로 튜링의 발자취를 뒤따르고 있다. 그러나 10조 개나 되는 임계선상의 자명하지 않은 영점을 확인해도 오차의 이상치는 발견하지 못했다. 또한, 중간 과정을 건너뛰고 10의 32제곱 번째 영점 부근을 탐색해 보아도 이상치는 찾지 못했다. 과연 리만 가설은 타당할까, 아니면 가까운 미래에, 세계 어느 연구소의 컴퓨터로 그의 가설을 매장하는 '이상치' 경보 알림이 울릴까? 리만이 타계한 지 거의 100년이 다 돼 가고 튜링이 임종을 맞이한 지 60년이 넘었지만, 이는 여전히 매우 흥미진진한 주제가 아닐 수 없다.

column 5

아인슈타인의 일반상대성이론에도 사용된 리만기하학

리만은 리만 가설에 자신의 이름을 올리며 후세에 이름을 남겼지만, 알고 보면 이과계에서는 세계적인 유명 인사다. 리만 가설 이외에도 그는 수학과 물리학의 다양한 분야에 이름을 남겼다. 예를 들어, 누구나 고등학교에서 배우는 적분이 바로 그의 작품이다. 우리가 배우는 적분의 정식 명칭은 '리만 적분'으로 리만이 최초로 확립했다.

고등학교 수학 수업시간에 배운 아련한 기억을 더듬어 보자. 함수를 그래프로 그리고, 막대그래프를 주르르 늘어놓고, 그 막대그래프의 너비를 무한히 작게 더해 나가면…… 그것이 리만식 적분이다. 대학에서 이과 계통 전공으로 진학하면 정적분(定積分)을 배운다. 그 시점에서 비로소 '아, 고등학교에서 배운 건 리만식 적분이었구나'라고 깨닫게 된다.

또한, 그 유명한 아인슈타인이 제창한 일반상대성이론에 사용된 방법도 '리만 기하학'과 '리만 다양체'다. 학교에서 일반적으로 배우는 기하학은 정식으로는 '유클리드 기하학'이라고 부른다. 아마도 누구나 학교에서 삼각형 내각의 합은 180도라고 배웠을 것이다. 평면 종이 위의 삼각형 이야기로, 유클리드 기하학은 고대 그리스의 유클리드가 확립한 이론이다. 하지만 지구 표면처럼 곡면에는 삼각형 내각의 합은 180도보다 커진다.

실제로 지구본 위에서 북극과 적도 위 두 개 점의 총 세 개 점을 이어 만든 삼각형에서 내각의 합은 90도×3=270도라는 사실을 간단히 확인할 수 있다. 리만은 '곡면 공간'의 기하학을 상세히 연구했다. 우주 공간도 사실은 구부러진 곡면 공간으로, 아인슈타인은 리만 기하학을 활용해 이것을 증명하고 일반상대성이론을 확립했다(가령 공간이 엄청나게 휘어 있으면 차츰 '구멍이 뚫리고' 블랙홀이 만들어진다).

마찬가지로, 일반상대성이론에 활용된 이론이 '리만 다양체'다. 다양체는 '공간의 일부를 현미경으로 들여다보면 모눈종이처럼 보인다'는 뜻이다. 또는 '공간이 몇 겹씩 펼쳐져 있다'는 뜻으로도 풀이할 수 있다. 모눈종이라는 단어를 사용했지만, x축과 y축뿐 아니라 더 확장된 z축을 상정해도 상관없다. 참고로, w축을 가정해도 전혀 문제되지 않는다. 어쨌든 현미경으로 관찰했을 때, 그곳에 함수 그래프를 그리는 듯한 확산이 펼쳐진다는 주장이다.

다양체는 영어로는 'manifold'라고 부른다. 종이를 두 겹으로 접었을 때를 'two fold'라고 하는데, '많다'는 뜻의 many에 '접다'는 뜻의 fold를 붙여 '다중체'라고 번역하는 게 더 옳은 표현일 것 같다.

어쨌든 이 다양체 이론은 리만이 1854년 교수 자격 강연 '기하학 기초에 있는 가설에 대해'에서 발표했다. 노학자 가우스가 리만의 강연을 듣고 무척 흥분했다는 일화도 전해진다. 지금은 이과 계통에서 당연하게 사용되고 아인슈타인도 신세를 진 개념이지만, 최초에는 리만의 아이디어에서 시작되었다. 가우스는 역시 대단한 사람이다!

column 6

위대하고도 비극적인 천재 수학자 앨런 튜링이 인류 역사에 남긴 것

앨런 튜링은 수학, 특히 계산기 과학 분야에 종사하는 사람들에게는 전설로 여겨지는 천재 수학자다. 튜링은 어려서부터 수학과 과학에 열중해 학교 화학실험실에 틀어박혀 실험을 거듭하다 폭발사고를 일으킨 적도 있다(다행히 다친 사람은 없었지만 눈물이 쏙 빠지게 혼이 났다고 한다).

튜링은 뭐니 뭐니 해도 '튜링 기계'로 유명하다. 우리가 아는 테이프와 기본적인 조작 방식이 같은 장치로, 일종의 계산기이자 오늘날 우리가 사용하는 컴퓨터 원리와 같다. 예전에는 전자 부품이 없어 튜링은 오로지 머릿속으로 계산기를 고안했다. 현대 컴퓨터의 발명자로는 폰 노이만이라는 이름이 거론되는 경우가 많지만, 튜링도 당당한 발명자의 한 사람으로 마땅히 존경받아야 한다.

2014년에는 튜링의 이름을 딴 '튜링 시험'을 통과한 인공지능이 등장해 화제가 되었다. 튜링은 인공지능의 철학적 문제를 표면화시켜 '인간과 일상적으로 대화할 수 있는 지능'을 하나의 기준으로 제시했다. 쉽게 말해,

컴퓨터가 '지능'을 가지고 있다고 말하려면 인간이 눈치 채지 못하게 대화에 참가할 수 있어야 한다는 주장이다.

일상적인 대화가 뭐 그리 어렵겠냐는 생각이 들 수 있겠지만, 분위기를 파악하고 대화하는 데에는 상당히 까다로운 기술이 필요하다. 실제로 튜링의 제안에서 반세기 가까이 지나서도 슈퍼컴퓨터조차 인간과 정상적으로 대화를 나누지 못하는 상황이 이어졌기 때문이다.

2014년 튜링 시험을 통과한 프로그램은 동유럽의 소년이라는 설정으로, 영어가 모국어가 아닌 어린이들에게, 약간 대화가 어눌하지만 받아들여졌다고 한다. 그러므로 프로그램 자체보다 프로그래머의 설정이 묘하게 '지능적'이었다는 비판의 목소리가 나오기도 했다.

튜링은 리만 가설을 검증하기 위해 컴퓨터를 활용했다. 비록 튜링은 반증에 성공하지 못했지만, 지금도 전 세계 수학자들이 튜링이 개발한 기법을 사용해 리만 가설 연구를 계속하고 있다.

본래 동성애자였던 튜링은 1952년 체포되어 보호관찰 처분을 받고 강제적으로 호르몬 요법을 받아야 했다. 당시 영국에서 동성애는 범죄였다. 체포된 후 튜링은 기밀 인가가 취소되어 관련 업무를 맡지 못하게 되며, 크나큰 마음의 상처를 입고 1954년 청산화합물이 묻은 독 사과를 베어 물고 생을 마감했다(실험을 하느라 손에 묻은 청산화합물이 묻은 사과를 깨물고 죽어 사고사라는 주장도 있지만, 진상은 알 수 없다). 컴퓨터, 인공지능, 리만 가설 등 다방면에서 위대한 업적을 남긴 천재 수학자는 허망할 정도로 서글픈 최후를 맞았다.

가톨릭교회가 갈릴레오에게 사죄한 것과 마찬가지로, 2009년 영국의 고든 브라운 총리는 튜링에 대한 영국 정부의 책임을 통감하고 사죄했다.

저자 후기

복잡하고 난해한 수식이 잊을 만하면 한 번씩 자꾸자꾸 등장해 잠시 잊고 있던 수학 울렁증이 되살아나 힘들어한 독자가 있다면 진심어린 사과와 위로의 말을 전하고 싶다.

저자 서문에서도 이야기한 바대로, 이 책에 등장하는 수식들은 어디까지나 '미술 감상'을 위한 작품과 비슷한 것이라고 말할 수 있다. 확실히 녹록지 않은 데다 살벌한 모양새마저 갖추고 있지만, 그렇다고 겁먹을 필요는 없다. 수학자나 과학자조차 처음 보는 수식을 어디서부터 어떻게 손을 대야 할지 몰라 헤매는 경우가 적지 않으니까. 그래도 몇 번씩 들여다보고 또 들여다보는 사이에 신기하게도 차츰 익숙해진다. 게다가 하나하나 분해해서 차분히 의미를 찾아가다 보면 어느새 즐거워지고, 사랑스러워 보이고, 자꾸자꾸 만지작거리고 싶어진다.

만약 수식 부분에서 좌절하고 책장을 덮어 버린 독자가 있다면 부디 다시 한 번 책장을 펴고 그 부분부터 찬찬히 정독해 보라고 당부하고 싶다. '미술 감상'에 필요한 모든 재료가 빠짐없이 갖추어져 있음을 깨닫게 될 것이다.

그와는 반대로, 이 책의 독자 중에는 '수학 마니아'라 수식에 관한 좀 더 자세한 해설을 읽어 보고 싶은 사람도 있을 것이다. 그런 독자를 위해 권말에 참고문헌을 실어 두었으니 지혜롭고 참고하고 활용하며 즐거운 소수여행을 계속 이어나가기 바란다.

내게 이 책의 집필을 권해 주신 아사히신문출판사의 편집자 오사카 아쓰코 씨와, 수고스럽게도 소수인 503이라는 통권 번호를 이 책에 붙여 주신 편집부에 감사드린다.(독자 여러분은 이 책이 503번이라는 사실을 눈치 챘는가?) 수학과 출신으로, 수학 부분 원고를 꼼꼼하게 감수해 주신 마나카 지모토 씨에게도 특별히 감사를 전한다.

마지막으로, '얼버무리지 말고 중요한 수식들도 소개하며 '소수'에 관한 재미있는 책을 써 달라'며 무한한 인내심을 가지고 묵묵히 기다려 주신 독자 여러분께 머리 숙여 감사 인사를 올린다.

참고문헌

초급

Richard Evan Schwartz, 『You Can Count on Monsters』, AKPeters(2010)

마커스 드 사토이 지음·고종숙 옮김, 『소수의 음악』, 승산(2007)(원제: The Music of the Primes: Searching to Solve the Greatest Mystery in Mathematics, Du Sautoy, Marcus, Perennial, 2004)

『Prime Obsession: Bernhard Riemann and the Greatest Unsolved Problem in Mathematics』, John Derbyshire, Joseph Henry Press(2003)

중급

시미즈 겐이치 지음, 『대학입시 문제로 이야기하는 수론의 세계 - 소수, 완전수에서 제타 함수까지』, 고단샤(2011)(원제 : 大学入試問題で語る数論の世界—素数′完全数からゼータ関数まで, 清水健一, 講談社, 2011)

구로카와 노부시게·고지마 히로유키 공저, 『리만 가설은 해결될까? - 절대수학의 전략』, 세도사(2009)(원제 : リーマン予想は解決するのか?_絶対数学の戦略, 黒川信重, 小島寛之,

青土社, 2009)

구로카와 노부시게 지음, 『리만 가설을 풀자 – 신 제타와 인수분해 접근법』, 기주쓰효론사(원제 : リ_マン予想を解こう ～新ゼ_タと因数分解からのアプロ_チ, 黒川信重, 技術評論社, 2014)

고급

고야마 신야 지음, 『소수에서 제타로, 그리고 카오스로』, 니혼효론사(2010)(원제 : 素数からゼ_タへ そしてカオスへ, 小山信也, 日本評論社, 2010)

Wladyslaw Narkiewicz, 『The Development of Prime Number Theory: From Euclid to Hardy and Littlewood』, Springer(2001)

Paulo Ribenboim, 『Classical Theory of Algebraic Numbers』, KSPRINGER(2001)

소수 사전

Chris K. Caldwell, 『Prime Curios!: The Dictionary of Prime Number Trivia』, CreateSpace Independent Publishing Platform(2009)

초끈이론

다케우치 가오루 지음, 『제로부터 배우는 초끈이론』, 고단샤(2007)(원제 : ゼロから学ぶ超ひも理論, 竹内薫, 講談社, 2007)

제타 함수의 영점 해설

http://empslocal.ex.ac.uk/people/staff/mrwatkin/zeta/?C=N;O=D

소수표(2~11941까지)

2	3	5	7	11	13	17	19
23	29	31	37	41	43	47	53
59	61	67	71	73	79	83	89
97	101	103	107	109	113	127	131
137	139	149	151	157	163	167	173
179	181	191	193	197	199	211	223
227	229	233	239	241	251	257	263
269	271	277	281	283	293	307	311
313	317	331	337	347	349	353	359
367	373	379	383	389	397	401	409
419	421	431	433	439	443	449	457
461	463	467	479	487	491	499	503
509	521	523	541	547	557	563	569
571	577	587	593	599	601	607	613
617	619	631	641	643	647	653	659
661	673	677	683	691	701	709	719
727	733	739	743	751	757	761	769
773	787	797	809	811	821	823	827
829	839	853	857	859	863	877	881
883	887	907	911	919	929	937	941
947	953	967	971	977	983	991	997
1009	1013	1019	1021	1031	1033	1039	1049
1051	1061	1063	1069	1087	1091	1093	1097

1103	1109	1117	1123	1129	1151	1153	1163
1171	1181	1187	1193	1201	1213	1217	1223
1229	1231	1237	1249	1259	1277	1279	1283
1289	1291	1297	1301	1303	1307	1319	1321
1327	1361	1367	1373	1381	1399	1409	1423
1427	1429	1433	1439	1447	1451	1453	1459
1471	1481	1483	1487	1489	1493	1499	1511
1523	1531	1543	1549	1553	1559	1567	1571
1579	1583	1597	1601	1607	1609	1613	1619
1621	1627	1637	1657	1663	1667	1669	1693
1697	1699	1709	1721	1723	1733	1741	1747
1753	1759	1777	1783	1787	1789	1801	1811
1823	1831	1847	1861	1867	1871	1873	1877
1879	1889	1901	1907	1913	1931	1933	1949
1951	1973	1979	1987	1993	1997	1999	2003
2011	2017	2027	2029	2039	2053	2063	2069
2081	2083	2087	2089	2099	2111	2113	2129
2131	2137	2141	2143	2153	2161	2179	2203
2207	2213	2221	2237	2239	2243	2251	2267
2269	2273	2281	2287	2293	2297	2309	2311
2333	2339	2341	2347	2351	2357	2371	2377
2381	2383	2389	2393	2399	2411	2417	2423
2437	2441	2447	2459	2467	2473	2477	2503
2521	2531	2539	2543	2549	2551	2557	2579
2591	2593	2609	2617	2621	2633	2647	2657
2659	2663	2671	2677	2683	2687	2689	2693

2699	2707	2711	2713	2719	2729	2731	2741
2749	2753	2767	2777	2789	2791	2797	2801
2803	2819	2833	2837	2843	2851	2857	2861
2879	2887	2897	2903	2909	2917	2927	2939
2953	2957	2963	2969	2971	2999	3001	3011
3019	3023	3037	3041	3049	3061	3067	3079
3083	3089	3109	3119	3121	3137	3163	3167
3169	3181	3187	3191	3203	3209	3217	3221
3229	3251	3253	3257	3259	3271	3299	3301
3307	3313	3319	3323	3329	3331	3343	3347
3359	3361	3371	3373	3389	3391	3407	3413
3433	3449	3457	3461	3463	3467	3469	3491
3499	3511	3517	3527	3529	3533	3539	3541
3547	3557	3559	3571	3581	3583	3593	3607
3613	3617	3623	3631	3637	3643	3659	3671
3673	3677	3691	3697	3701	3709	3719	3727
3733	3739	3761	3767	3769	3779	3793	3797
3803	3821	3823	3833	3847	3851	3853	3863
3877	3881	3889	3907	3911	3917	3919	3923
3929	3931	3943	3947	3967	3989	4001	4003
4007	4013	4019	4021	4027	4049	4051	4057
4073	4079	4091	4093	4099	4111	4127	4129
4133	4139	4153	4157	4159	4177	4201	4211
4217	4219	4229	4231	4241	4243	4253	4259
5261	4271	4273	4283	4289	4297	4327	4337
4339	4349	4357	4363	4373	4391	4397	4409

4421	4423	4441	4447	4451	4457	4463	4481
4483	4493	4507	4513	4517	4519	4523	4547
4549	4561	4567	4583	4591	4597	4603	4621
4637	4639	4643	4649	4651	4657	4663	4621
4679	4691	4703	4721	4723	4729	4733	4751
4759	4783	4787	4789	4793	4799	4801	4813
4817	4831	4861	4871	4877	4889	4903	4909
4919	4931	4933	4937	4943	4951	4957	4967
4969	4973	4987	4993	4999	5003	5009	5011
5021	5023	5039	5051	5059	5077	5081	5087
5099	5101	5107	5113	5119	5147	5153	5167
5171	5179	5189	5197	5209	5227	5231	5233
5237	5261	5273	5279	5281	5297	5303	5309
5323	5333	5347	5351	5381	5387	5393	5399
5407	5413	5417	5419	5431	5437	5441	5443
5449	5471	5477	5479	5483	5501	5503	5507
5519	5521	5527	5531	5557	5563	5569	5573
5581	5591	5623	5639	5641	5647	5651	5653
5657	5659	5669	5683	5689	5693	5701	5711
5717	5737	5741	5743	5749	5779	5783	5791
5801	5807	5813	5821	5827	5839	5843	5849
5851	5857	5861	5867	5869	5879	5881	5897
5903	5923	5927	5939	5953	5981	5987	6007
6011	6029	6037	6043	6047	6053	6067	6073
6079	6089	6091	6101	6113	6121	6131	6133
6143	6151	6163	6173	6197	6199	6203	6211

6217	6221	6229	6247	6257	6263	6269	6271
6277	6287	6299	6301	6311	6317	6323	6329
6337	6343	6353	6359	6361	6367	6373	6379
6389	6397	6421	6427	6449	6451	6469	6473
6481	6491	6521	6529	6547	6551	6553	6563
6569	6571	6577	6581	6599	6607	6619	6637
6653	6659	6661	6673	6679	6689	6691	6701
6703	6709	6719	6733	6737	6761	6763	6779
6781	6791	6793	6803	6823	6827	6829	6833
6841	6857	6863	6869	6871	6883	6899	6907
6911	6917	6947	6949	6959	6961	6967	6971
6977	6983	6991	6997	7001	7013	7019	7027
7039	7043	7057	7069	7079	7103	7109	7121
7127	7129	7151	7159	7177	7187	7193	7207
7211	7213	7219	7229	7237	7243	7247	7253
7283	7297	7307	7309	7321	7331	7333	7349
7351	7369	7393	7411	7417	7433	7451	7457
7459	7477	7481	7487	7489	7499	7507	7517
7523	7529	7537	7541	7547	7549	7559	7561
7573	7577	7583	7589	7591	7603	7607	7621
7639	7643	7649	7669	7673	7681	7687	7691
7699	7703	7717	7723	7727	7741	7753	7757
7759	7789	7793	7817	7823	7829	7841	7853
7867	7873	7877	7879	7883	7901	7907	7919
7927	7933	7937	7949	7951	7963	7993	8009
8011	8017	8039	8053	8059	8069	8081	8087

8089	8093	8101	8111	8117	8123	8147	8161
8167	8171	8179	8191	8209	8219	8221	8231
8233	8237	8243	8263	8269	8273	8287	8291
8293	8297	8311	8317	8329	8353	8363	8369
8377	8387	8389	8419	8323	8429	8431	8443
8447	8461	8467	8501	8513	8521	8527	8537
8539	8543	8563	8573	8581	8597	8599	8609
8623	8627	8629	8641	8647	8663	8669	8677
8681	8689	8693	8699	8707	8713	8719	8731
8737	8741	8747	8753	8761	8779	8783	8803
8807	8819	8821	8831	8837	8839	8849	8861
8863	8867	8887	8893	8923	8929	8933	8941
8951	8963	8969	8971	8999	9001	9007	9011
9013	9019	9041	9043	9049	9059	9067	9091
9103	9109	9127	9133	9137	9151	9157	9161
9173	9181	9187	9199	9203	9209	9221	9227
9239	9241	9257	9277	9281	9283	9293	9311
9319	9323	9337	9341	9343	9349	9371	9377
9391	9397	9403	9413	9419	9421	9431	9433
9437	9439	9461	9463	9467	9473	9479	9491
9497	9511	9521	9533	9539	9547	9551	9587
9601	9613	9619	9623	9629	9631	9643	9649
9661	9677	9679	9689	9697	9719	9721	9733
9739	9743	9749	9767	9769	9781	9787	9791
9803	9811	9817	9829	9833	9839	9851	9857
9859	9871	9883	9887	9901	9907	9923	9929

9931	9941	9949	9967	9973	10007	10009	10037
10039	10061	10067	10069	10079	10091	10093	10099
10103	10111	10133	10139	10141	10151	10159	10163
10169	10177	10181	10193	10211	10223	10243	10247
10253	10259	10267	10271	10273	10289	10301	10303
10313	10321	10331	10333	10337	10343	10357	10369
10391	10399	10427	10429	10433	10453	10457	10459
10463	10477	10487	10499	10501	10513	10529	10531
10559	10567	10589	10597	10601	10607	10613	10627
10631	10639	10651	10657	10663	10667	10687	10691
10709	10711	10723	10729	10733	10739	10753	10771
10781	10789	10799	10831	10837	10847	10853	10859
10861	10867	10883	10889	10891	10903	10909	10937
10939	10949	10957	10973	10979	10987	10993	11003
11027	11047	11057	11059	11069	11071	11083	11087
11093	11113	11117	11119	11131	11149	11159	11161
11171	11173	11177	11197	11213	11239	11243	11251
11257	11261	11273	11279	11287	11299	11311	11317
11321	11329	11351	11353	11369	11383	11393	11399
11411	11423	11437	11443	11447	11467	11471	11483
11489	11491	11497	11503	11519	11527	11549	11551
11579	11587	11593	11597	11617	11621	11633	11657
11677	11681	11689	11699	11701	11717	11719	11731
11743	11777	11779	11783	11789	11801	11807	11813
11821	11827	11831	11833	11839	11863	11867	11887
11897	11903	11909	11923	11927	11933	11939	11941

47
2
61
71
7
257
19
11
59
223
3
41
173
5

5
173
71
67
59
257
61
41
2
11
223
19
47
c²=a²+b²
sin(-a)=-sina
y=x²